家庭水電安裝修護 DIY

簡詔群、呂文生、楊文明　編著

全華圖書股份有限公司

序言

科學的進步，除了帶與人類吸收更多新知識，更大大的提高了生活品質。從以往的農業社會轉型爲現代工商業多元化及資訊普及的時代更讓我們在工作或居家休閒時，大大地突破水、電用量，提供我們便利與享受。

目前水、電已經是任何行業，每日家庭最需要的民生資源，因爲試想如果工業沒有水怎麼生產？家庭沒有水，怎麼解決喝水及洗滌的需求？工廠沒有電，機器怎麼動？家庭沒有電，電視沒得看、音響沒得聽、食物無法保存(冰箱沒電)、電話不能打、電燈不會亮，反正這個後果是很難適應的。難道再恢復以前的農業社會，沒水河裡挑或開井用水桶撈。沒電，點根蠟燭或煤油燈，拜託，沒有人會接受這種落伍的生活囉！

水、電的使用設備，用久了會不良而故障，這是必然的現象。碰到水或電有損壞的現象一定會造成不便或浪費能源，譬如說，家裡客廳的電源跳電，一片漆黑，也不知甚麼原因。客人來了不能招待，電視、音響沒得享受，又碰到浴缸水頭壞了，水流很大，再怎麼扭也是照漏(浪費能源又浪費錢)水可是以量計費的。怎麼辦？打電話給水電工程行，但是很抱歉！您或您這種小故障，也沒多少利潤，又要專程跑一趟，列入"再說吧！客戶"，所以電話催了又催，等了又等，修養再好的人也會使性子、發脾氣。好不容易好久好久，師傅總算來了，就這麼開關量一量扳一下(有電了)，換一塊橡皮(迫緊)，水不漏了。多少錢？不要壹仟也要捌佰，好貴哦！不會，這還算善良的，筆者曾看過同業開價是一萬或伍仟要不要修隨您，不然我再恢復原狀，客廳又沒電、浴缸水頭再漏水，而俺要回去看電視。俗語說：靠人還不如靠己，其實家庭水電並不是多複雜的設備，只要懂得原理再準備一些簡單的工具與材料，就能修復一般普通性的故障，除了節省經費，又可以迅速修好，享受一下自己動手(DIY)的樂趣。

或許有許多讀者會猜測說：有那麼容易的事嗎？人家不是說學徒要三年六個月，還要打雜、煮飯、帶小孩？No.No. 我們學的是維修並不是要做工程，只要您花點時間，詳細的參閱本書，從水電原理、構造及簡單的高效率圖面實務說明，相信必可使您學會這些技術，從給水修到排水，從電燈泡修到任何家用電器。

編者　呂文生　謹述

編輯部序

「系統編輯」是我們的編輯方針，我們所提供給您的，絕不只是一本書，而是關於這門學問的所有知識，它們由淺入深，循序漸進。

本書介紹水電的原理、系統、應用、維修及改裝，並詳細圖說介紹家庭內各項水電、衛浴設備的組裝分略圖，可使非專業人員，亦可輕易的學會家庭水電維修的技術與應用。本書適用於水電工程行及對水電 DIY 有興趣學習者參考使用。

同時，爲了使您能有系統且循序漸進研習相關方面的叢書，我們以流程圖方式，列出各有關圖書的閱讀順序，以減少您研習此門學問的摸索時間，並能對這門學問有完整的知識。若您在這方面有任何問題，歡迎來函連繫，我們將竭誠爲您服務。

相關叢書介紹

書號：0016004/0018303
書名：實用家庭電器修護
　　　(上/下)(第五版/第四版)
編著：蔡朝洋.陳嘉良
16K/288 頁/340 元
16K/288 頁/320 元

書號：041330A
書名：電工法規
編著：黃國軒.陳美汀
16K/608 頁/691 元

書號：0526903
書名：基本冷凍空調實務(第四版)
編著：尤金柱
16K/312 頁/350 元

書號：046240C6
書名：丙級室內配線技能檢定學術科
　　　題庫解析(2022 最新版)
　　　(附學科測驗卷)
編著：楊正祥.葉見成
菊 8/264 頁/320 元

書號：0381209
書名：冷凍空調實務
　　　(含乙級學術科解析)
　　　(2020 最新版)
編著：李居芳
16K/544 頁/650 元

書號：04844036
書名：丙級電器修護學術科分章題庫
　　　解析(2017 最新版)
　　　(附學科測驗卷)
編著：陳煥卿
菊 8/184 頁/230 元

書號：04839076
書名：丙級冷凍空調技能檢定
　　　學術科題庫解析(2020
　　　最新版)(附學科測驗卷)
編著：亞瓦特工作室.顧哲綸.
　　　鍾育昇
菊 8/264 頁/400 元

◎上列書價若有變動，請以最新定價為準。

流程圖

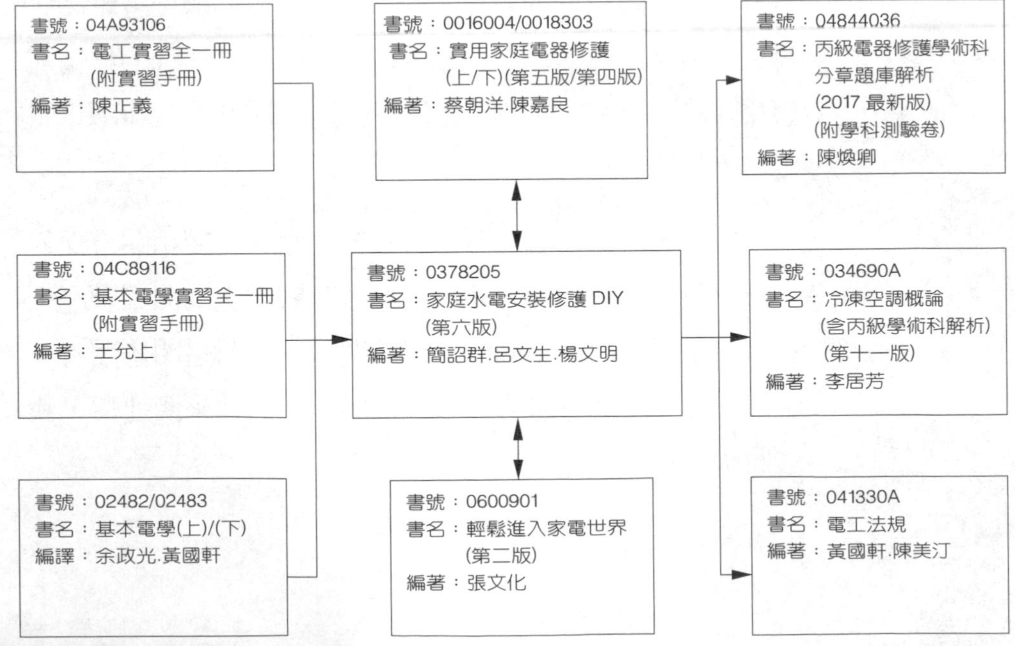

目 錄

第0章 前言

第1章 水的來源與系統

第2章 水管的種類及規格

第3章 衛、浴、廚設備及水管的配件(給排水系統)

第4章 電的來源與系統

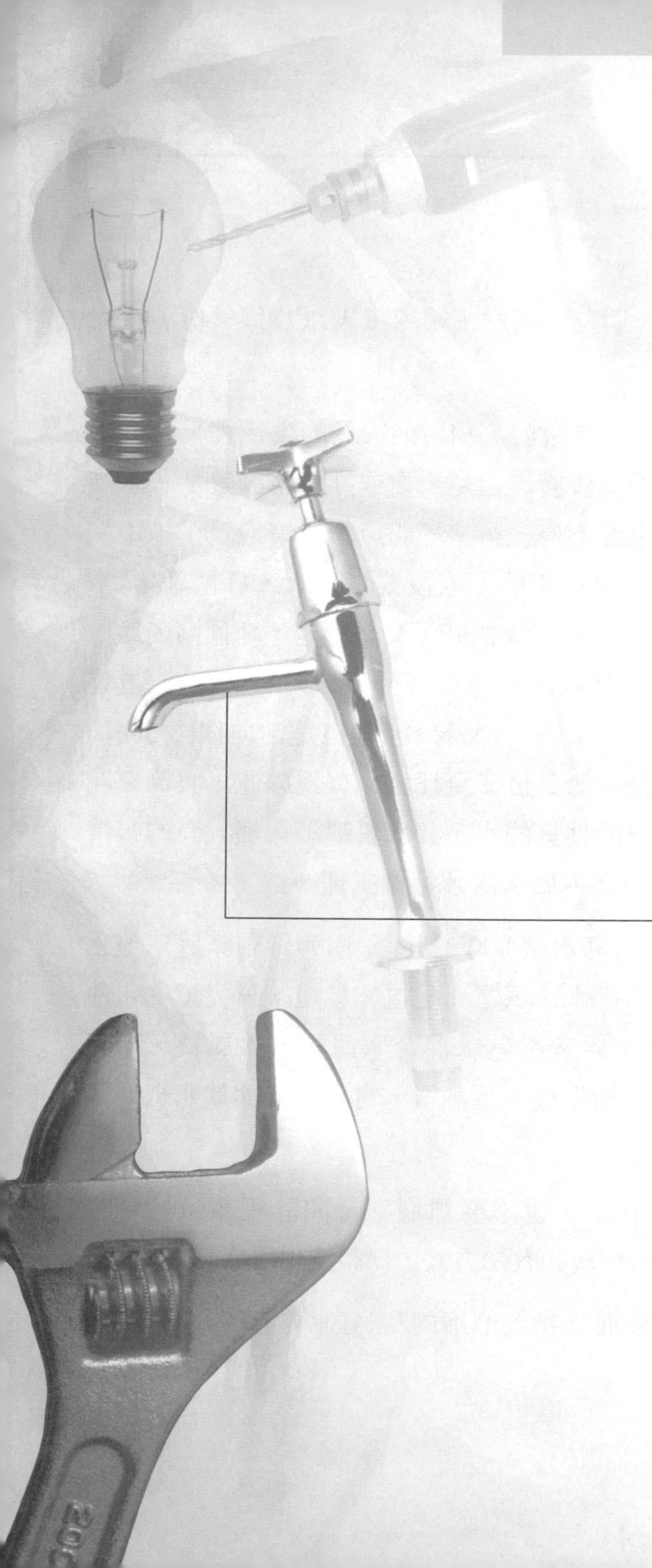

0

前言

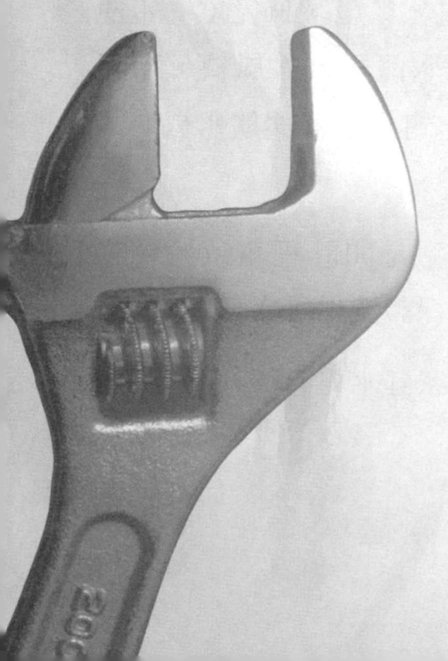

敬愛的全體鄉親、朋友、家庭主婦或主夫以及每一份子，大家好！

時代在進步，工商業在發展，相對的人們的生活裡，每天必須大量的使用水、電相關設備。但是，你或妳是否發覺？有時候家裡的水龍頭壞了，水漏不停。浴室裡的燈管或燈泡壞了，不知您如何清洗衣服？甚至更嚴重的全家沒電也沒水，打電話給"水電行"催了又催就是不見人影，來的時候又是愛理不理擺高姿態，或許只是開關跳了。抑是水閥壞了扳了一下，換一個橡皮墊(迫緊)日光燈起動器STARTER(一個大約10元)但是卻向你(妳)開價一千元或八百元，眞是受氣又付了冤枉錢。有鑑於此，我們要開班授徒了。由不同水源所搜集的水，其水質都不一樣，有的很清澈、有的很混濁，必須集中於水處理廠做處理。

1. 歡迎大家參與"家庭水電DIY"課程，內容針對家庭一般常用的水電設備如給水、排水、供電、配電、電燈、日光燈、水龍頭、水槽自由栓龍頭、浴室冷熱水混合水龍頭、吹風機、冷氣機、乾衣機、電冰箱、抽水機、電熱器、電熱水器與飲水機的故障之簡易判斷與修理。

2. 不要擔心您是女人，也不要煩惱您是開計程車或搬傢俱的。我們以最短而生動有趣的教學方式，保證讓你(妳)一定學會。

3. 自備一套最簡單而又物美價廉的"家庭水電DIY工具箱"我們就開始囉！

1
水的來源與系統

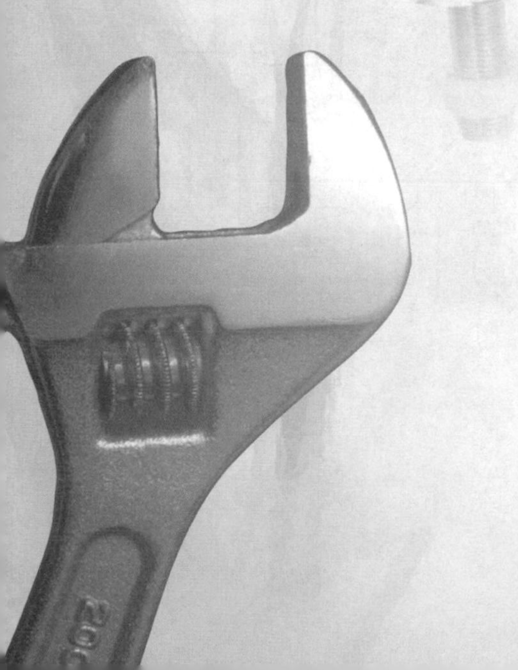

一、水的系統

由不同水源所搜集的水，其水質都不一樣，有的很清澈，有的很污濁，必須集中於水處理廠做處理。

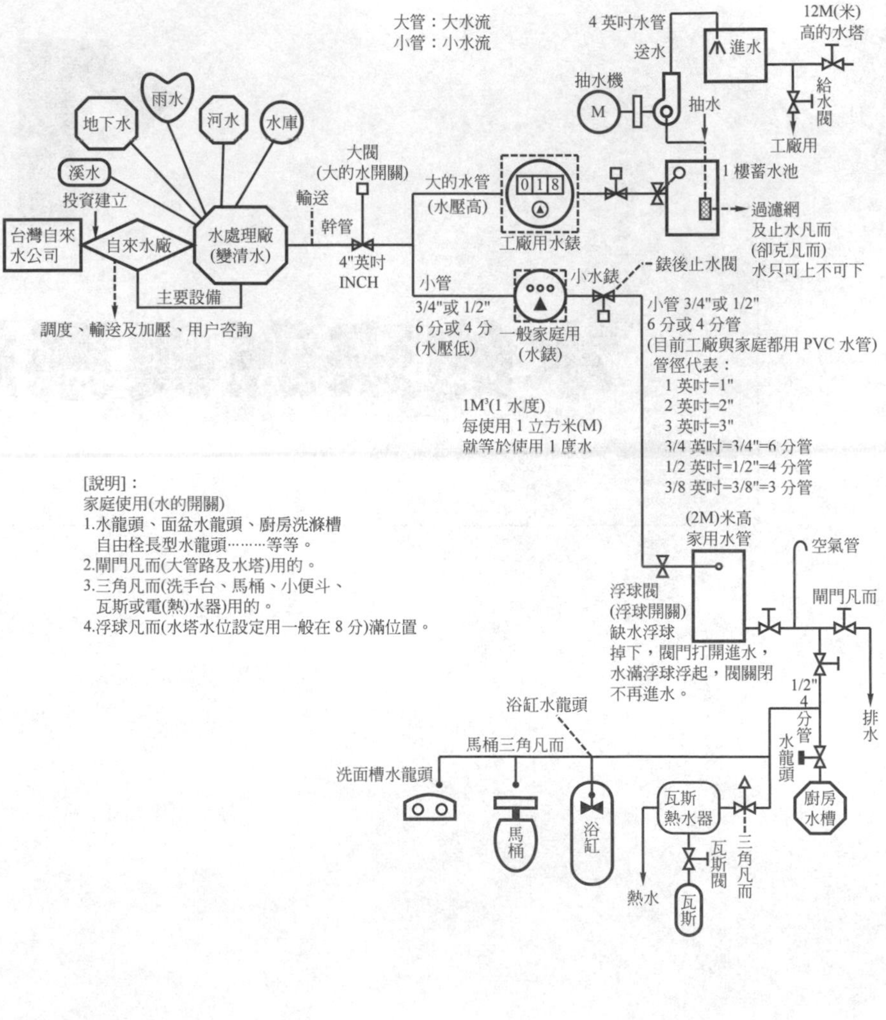

大管：大水流
小管：小水流

地下水
雨水
河水
水庫
溪水
投資建立
台灣自來水公司
自來水廠
水處理廠(變清水)
主要設備
調度、輸送及加壓、用戶咨詢
輸送
幹管
大閥
(大的水開關)
4"英吋
INCH
大的水管
(水壓高)
工廠用水錶
小管
3/4"或 1/2"
6 分或 4 分
(水壓低)
一般家庭用
(水錶)
小水錶
錶後止水閥
4 英吋水管
送水
抽水機
M
抽水
進水
12M(米)
高的水塔
給水閥
工廠用
1 樓蓄水池
過濾網
及止水凡而
(卻克凡而)
水只可上不可下
小管 3/4"或 1/2"
6 分或 4 分管
(目前工廠與家庭都用 PVC 水管)
管徑代表：
1 英吋=1"
2 英吋=2"
3 英吋=3"
3/4 英吋=3/4"=6 分管
1/2 英吋=1/2"=4 分管
3/8 英吋=3/8"=3 分管

1M³(1 水度)
每使用 1 立方米(M)
就等於使用 1 度水

[說明]：
家庭使用(水的開關)
1.水龍頭、面盆水龍頭、廚房洗滌槽
自由栓長型水龍頭……等等。
2.閘門凡而(大管路及水塔)用的。
3.三角凡而(洗手台、馬桶、小便斗、
瓦斯或電(熱)水器)用的。
4.浮球凡而(水塔水位設定用一般在 8 分)滿位置。

(2M)米高
家用水管
空氣管
浮球閥
(浮球開關)
缺水浮球
掉下，閥門打開進水，
水滿浮球浮起，閥關閉
不再進水。
閘門凡而
1/2"
4
分管
排水
水龍頭
廚房水槽
浴缸水龍頭
馬桶三角凡而
洗面槽水龍頭
馬桶
浴缸
瓦斯熱水器
熱水
瓦斯閥
瓦斯
三角凡而

二、水的來源

由“自來水公司”投資興建“自來水廠”而自來水廠最主要的設備就是水處理廠，因為它是把不同的水源與水質(地下水、溪水、河水、雨水)集中一起，並做物理及化學的處理後，轉變為符合用水品質標準的硬水(含礦物質)以提供給工廠、大樓及一般家庭住宅使用。

三、水的輸送方式

經水處理廠處理過的標準水，由“自來水廠”使用管路(目前大都用鐵管或塑膠 PVC 管)施配到用戶家裡去，如果是工廠就配大管徑，而家庭施配小管徑。因為工廠使用到水的需求量大，是故必須要大的水管才夠用。至於一般家庭只是拿來飲用及洗滌為主，所以施配小的水管就夠了。萬一水管的流出量減少或較少，自來水廠會使用加壓裝置來提高流量。同樣的原理，家庭如果水壓不高，水流量很少，也可以使用加壓抽水機來增加。

四、怎麼計費

天下沒有白吃的午餐，相對的，也沒有免費使用的自來水。今天，台灣自來水公司撥下甚鉅的經費，又是建水廠又是做水處理，設置的土地、設備及相當多人力與成本開銷，故向用戶收取相當的水費。一般最簡單又精確的便是…在輸送給用戶的進水處，崁入一個水錶箱，內裝一個“水度錶”，接入水管中。工廠、大樓大用戶裝置大水錶，一般家庭小用戶設置小水錶，而每使用 1 立方米的水就是 1 度水(m^3)。根據水流帶動水錶內的指針，用多少水度，指針就顯示幾度，相當公平合理。

五、水的原理

1. 水學三要素：水壓、水流、水阻

(1) 水壓：即水的壓力，以物理作用來說，水是有比重的，譬方說：我們準備兩個水槽或水桶，左邊的稱爲(A 桶)右邊的稱爲(B 桶)，接著我們在 A 桶與 B 桶各做一個相同的刻度，來代表水進入桶內的位置，簡稱“水位”。

從圖 1-1 來看A水桶水的位置在第“5”的刻度，也就是它的水位，而 B 水桶水的位置是在第“3”的刻度比較低，A 的水桶高水位而 B 水桶低水位 5 － 3 ＝ 2(這就是水位差)，在高水位因比重關係，所以水的壓力比較高，而在低水位則水壓低，因此水位差即水壓差。水位如果越高代表水壓也高，以此緣故，高水壓的A桶可給水的距離：到得了的水龍頭會較遠，所以一般工廠或大樓爲甚麼把水塔架得很高或架於頂樓，最主要的原因，也就是昇高水位(即高水壓)的緣故。

水壓的單位是：kg/cm^2就是水管內每平方公分有多少公斤的意思，水電術語則以磅稱之。

我們使用的水管或水塔裡面有多少磅可以在水管、水槽、水塔接一支小水管，然後裝一組“水壓錶”那就隨時可知道還有多少水壓或水位。如圖 1-1 B 桶所示。

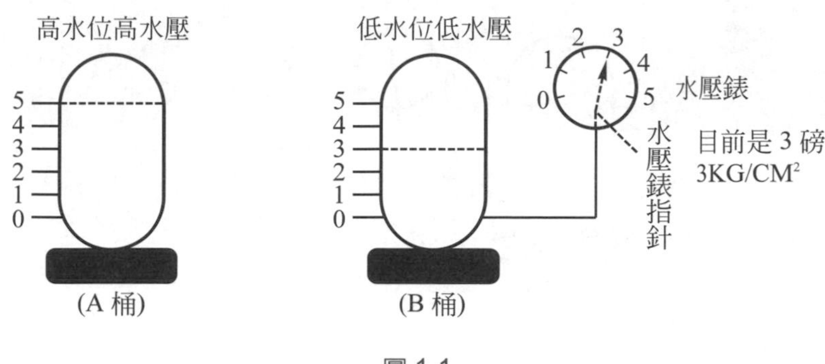

圖 1-1

⑵ 水流：接著，我們來看圖 1-2 這個水桶，內部只存在著水位(即水壓)，水位多少呢？從水壓錶，我們得知有 3 磅，但是有沒有水流？當然沒有。因爲沒有把水壓引出來；那來水的流動？怎麼做才有水流？很簡單，我們在水桶的桶底開個孔接一支水管，那水不就流出來了嗎！水的流動稱爲“水流”圖 1-3。

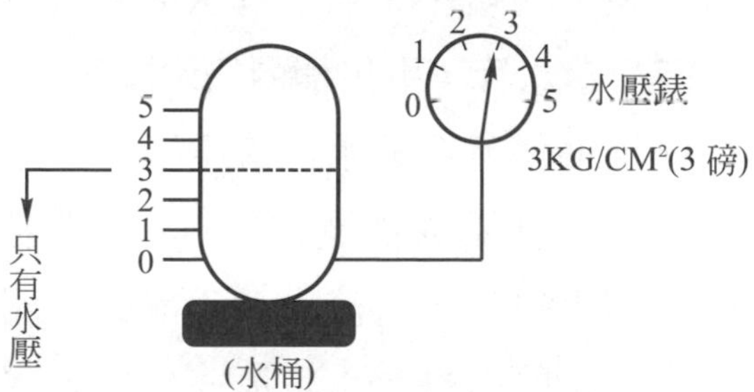

圖 1-2

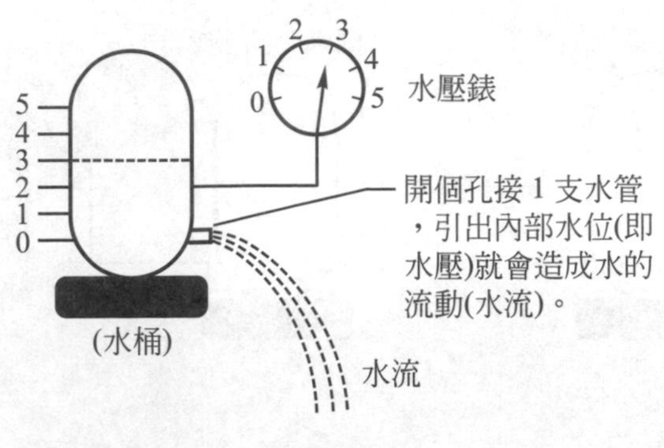

圖 1-3

(3) 水阻：即水的阻力，水阻越高水流越小，水阻越小，水流越大。就以排水溝來說，如果水溝內有雜七雜八的東西阻止水流，水流當然小，如果清除一半的話，水流就流一半量，要是把它清除掉，那麼這時的水流是最大量。所以說能堵止水流的東西，我們稱它水阻。水阻大，水流小；水阻小，水流大。但是這是指排水溝比喻：我們轉回正題，在圖 1-3 為了有水流，所以在水桶底側開個孔，接一支水管，引出桶內的水壓造成有水流動(水流)，但是這樣很快就會把水位流空了。怎麼辦？我們在水管裝上一個水龍頭(水開關)圖 1-4，如果把水龍頭全打開，水門全開水以最大量流出，水龍頭打開一半，水受到內部橡皮阻止的影響，水只流一半量，水龍頭開一點點，水門也開一點點，水流出來就一點點。是故水龍頭就是水的阻力，即水阻大，水流小；水阻小，水流大。不知道你(妳)弄懂了嗎？

如果水學三要素：

① 水壓：水管或水塔積有的水位。

② 水流：水壓被接管引出來使用。

③ 水阻：水龍頭、閥門，可控制水流的大小。

都瞭解的話，那麼，本人在此要先恭禧您，因爲其他的課程大致都沒甚麼問題才對，以筆者教學多年經驗，您將是“高材生”。

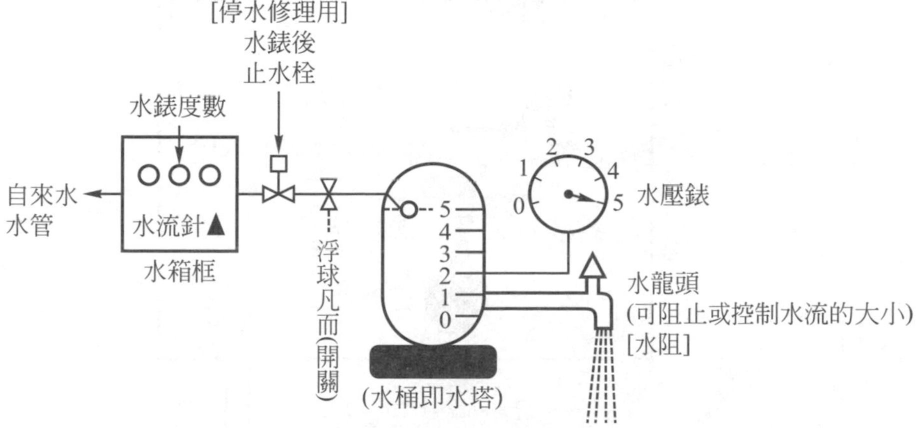

圖 1-4

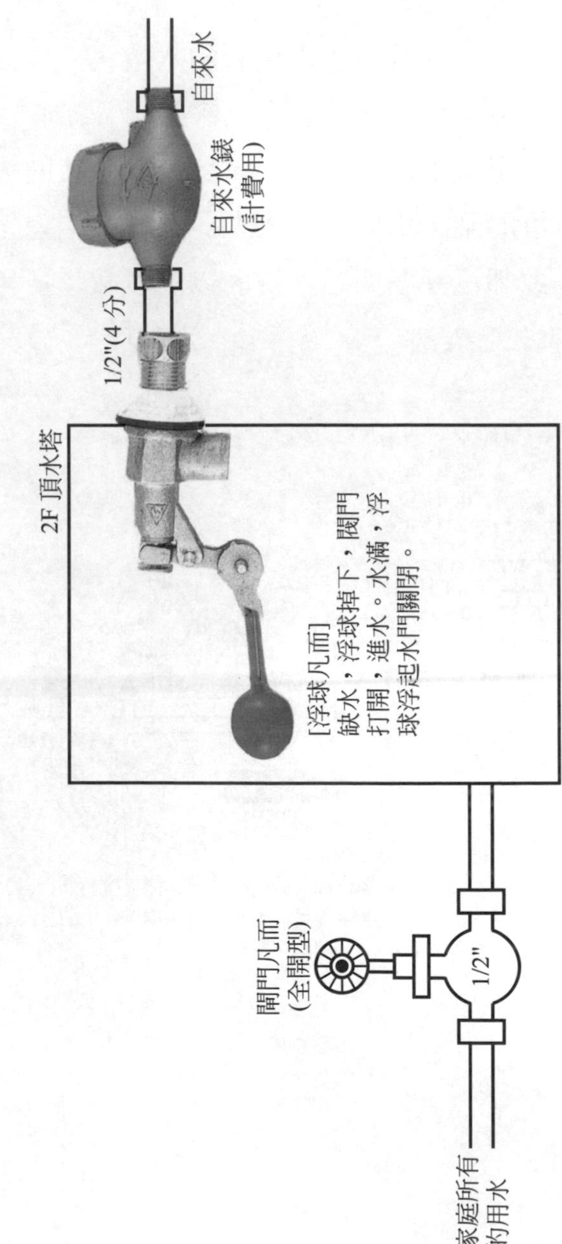
自來水
自來水錶
(計費用)
1/2"(4 分)
2F 頂水塔
[浮球凡而]
缺水，浮球掉下，閥門
打開，進水。水滿，浮
球浮起水門關閉。
閘門凡而
(全開型)
1/2"
家庭所有
的用水

2

水管的種類及規格

一、前言

目前，家庭用的給水與排水或化糞管大都使用PVC塑膠管施工爲主。只有熱水部份是使用鐵管或不銹鋼管。至於室內的洗臉盆，是從盆底預埋一只水龍頭牙彎頭先鎖進一個三角型凡而，再用銅管、鉛管、塑膠管套進三角凡而出水口，另一端管子面盆水龍頭再用內牙帽鎖緊。三角凡而就是三角型的水開關裝置其目的是，萬一面盆水龍頭壞了，可以用三角凡而關掉水源來修理。第二個功能是可以調整水量大小。如圖 2-1 所示。

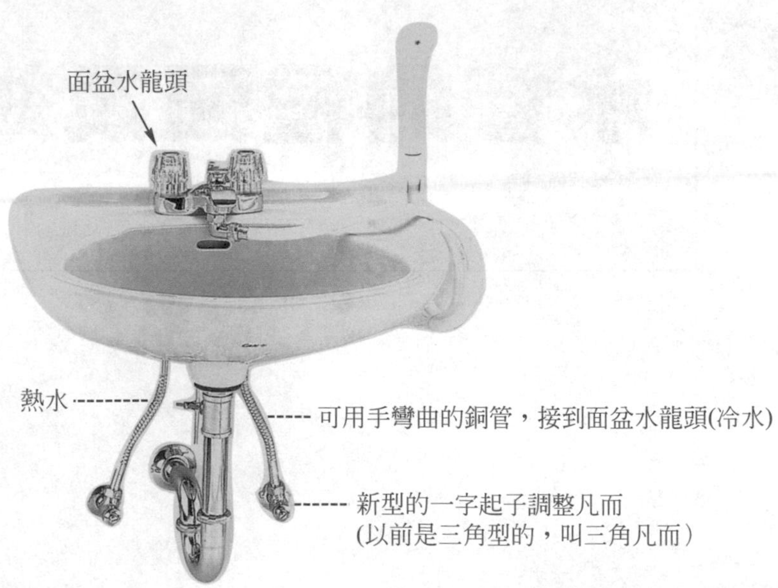

圖 2-1　洗臉盆

 二、水管的引接

1. 給水 PVC 管厚度至少要用 2mm(公厘)厚以上，接管或配管的方式，可用“冷接”，即擦上膠合劑，接入後不可移動或旋轉，會導致漏水。靜待膠乾後才可放水使用。另一種方法是“熱接”，即用瓦斯噴燈(烤管器)將二支管子，一支的管末用火烤軟，大約 2～2.5 公分長，而未烤的另一支管端，擦上膠合劑後，快速插入烤熱的另一支管頭。膠合使用的時間比較快。
2. 排水 PVC 管一般接頭都是預鑄型的，也就是每支管都有一端已經把管口擴大，以便利“冷接法”。使用的 PVC 管一般比較薄，但是也可以使用厚管，只是成本比較貴。

 三、水管的規格

1. PVC 管是以(lnch)即吋(讀成 lnch 或英寸)為口徑的單位：1 吋＝1"＝25mm(公厘)，目前家庭用的給水管大都是 1/2"(吋)或 3/4"(吋)，1/2"叫 4 分管，3/4"叫 6 分管，至於排水部份，從廚房的洗滌槽，到地板排水、浴缸排水、面盆排水、小便斗排水，大都使用 1¼"吋、1½"吋、到 2"吋。而衛生設備(馬桶)排糞管，大都使用 4"(吋)先排到“化糞槽”，經化學分解後再排出污水溝。
2. 給、排水 PVC 管的長度：PVC 管從 3/8"(3 分)、1/2"(4 分)、3/4"(6 分)、1"、2"、3"、4"每支長度 4m(米)，5"以上，每支 5m。

 四、水管的附屬配件(家庭用為主)

1. PVC 管

⑴ 成九十度的叫“彎頭”。

⑵ 可接三支管子的叫“三通”。

⑶ 可斜接三支管子的叫“斜 T”。

⑷ 有內牙的九十度彎頭叫“龍口彎”。

⑸ 可接不同大小管徑的叫“大小頭”。

⑹ 可接相同管徑的叫“直接頭”。

⑺ 可鎖閥門凡而的叫“閥接頭”。

⑻ 接同管徑的水開關叫“PVC 凡而”。

⑼ 用塑膠浮球來做開關的叫“浮球凡而”。

2. 鐵管(都要鎖牙的)

⑴ 成九十度的叫“彎頭”。

⑵ 可接三支管子的叫“三通”。

⑶ 可鎖兩支有牙的管子叫“由令”，中間有螺帽可旋開兩支管子。

⑷ 可鎖兩支不同管徑的叫“大小頭”。

⑸ 整支都有外牙的叫“內卜”。

⑹ 內外都有牙的叫“卜申”。

⑺ 鎖兩管同管徑外牙的開關叫“閘門凡而”(銅製、內牙)。

 五、家庭內的給排水設備維修

1. 坐式馬桶與低水箱構造和維修

低水箱(坐式馬桶)其構造(如圖 2-2)安裝及維修

(1) 將低水箱之箱體(固定用膨脹螺絲孔)放置於坐式馬桶的沖水口中間位置，低水箱底部比馬桶高度高10公分的位置，用奇異筆在四處固定孔做上記號點，使用電鑽鑽孔並打入4支膨脹螺絲。

(2) 將進水浮球凡而的外牙螺絲鬆開，止水橡皮貼在水箱內部，使用活動扳手將外牙螺絲旋緊(順時針方向)，低水箱的出水閥之外牙螺絲鬆開，而出口水閥的止水橡皮墊片也貼在低水箱體底部，使用活動扳手旋緊外部的螺絲。

(3) 固定水箱的按水開關(沖水用)，並將拉出水閥片用不銹鋼鏈絲固定按水開關之鐵片。

(4) 將水箱置於4支膨脹螺絲上，並使用固定扳手鎖上，4支膨脹螺絲，讓水箱緊貼牆壁且牢固。

(5) 在近水三角凡而與低水箱浮球凡而中間配置1支軟管並鎖緊。

(6) 從水箱沖水口配1支1½吋的 PVC 管到坐式馬桶的沖放口，同樣在入口端也有一塊橡皮要塞入管內與馬桶的入口處，防止漏水。而沖水口與PVC管的連接外牙套也要放入一塊止水橡皮在水箱內，並旋緊。

(7) 打開三角凡而進水，看會不會漏，會漏把外牙套再上緊一點，讓橡皮更密合，就可杜絕漏水。

⑻ 浮球凡而充水至定點(水箱的八分滿位置，用手拉沖水把柄，而拉線扯動拉桿就會將沖水口打開，水壓從沖水口徑 1½英吋管洩放到坐式馬桶，再由(4 吋排水口)流放至(化糞池)，經沈澱分解後，排放到污水溝)。

⑼ 馬桶水箱故障，水箱無法積存水，水一直流到馬桶內。

① 先將馬桶水箱的三角凡而以順時鐘方向鈕緊，停止水箱進水。如圖 2-2 所示。

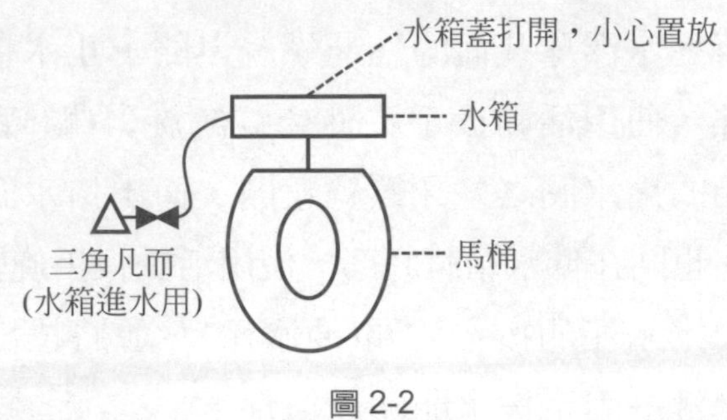

圖 2-2

② 打開水箱蓋小心置放，看內部的排水橡皮活塞是否卡住或脫落，若是將其卡入固定點。

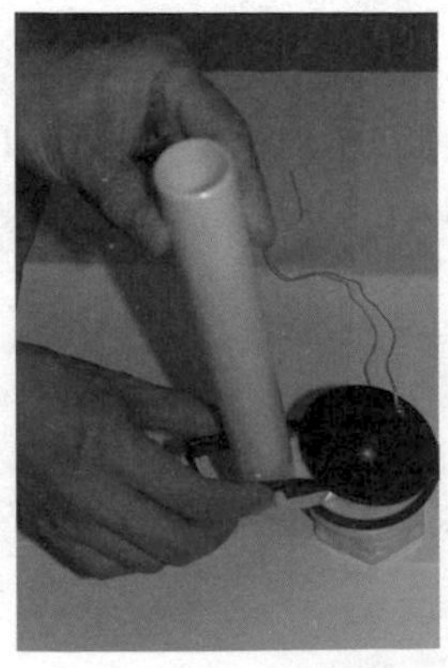

圖 2-3

③ 若排水橡皮活塞沒有卡住或脫落，那應是沖水按鈕的鏈條脫落，可用尖嘴鉗將斷開的鏈條夾開再接回即可。如圖 2-4 所示。

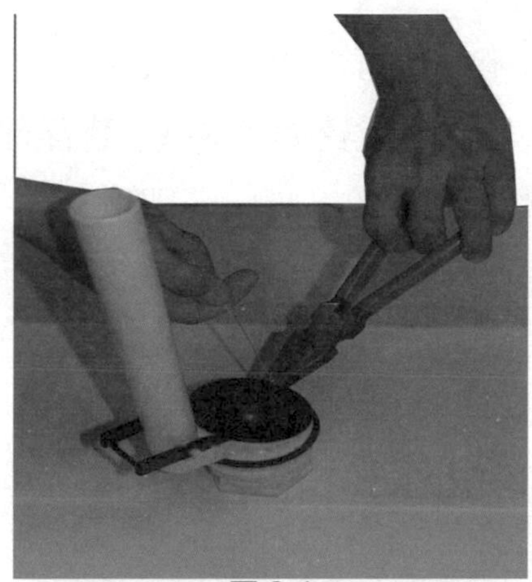
圖 2-4

④ 完工後，打開水箱(三角凡而)開始進水，水滿後押(沖水把柄)看沖完水排水活塞是否會塞住排水口，如果是，恭禧您！大功告成。如圖 2-5 所示。

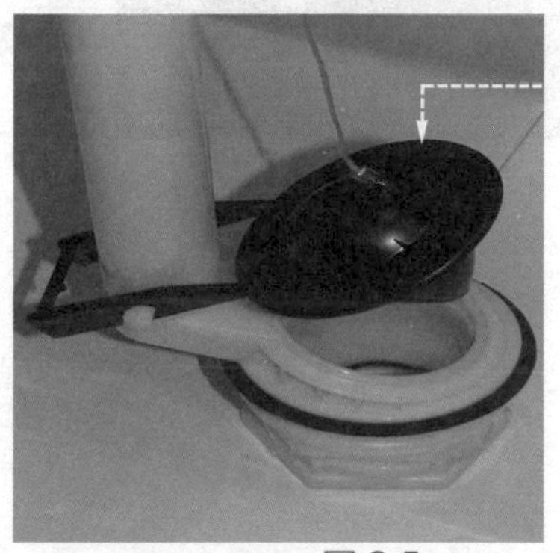

圖 2-5

⑽ 馬桶水箱故障，水箱滿水出來，流不止。

此情況就是給水浮球零件損壞造成。

① 一樣先將水箱之三角凡而以順時鐘方向扭緊，停止水箱進水。

② 將水箱外蓋打開小心置放。

③ 如果是浮球脫落如圖 2-6，將浮球銅棒(前面有牙)對準給水閥順時鐘方向旋緊即可。

④ 假使浮球沒問題，如圖 2-7 將給水栓的上蓋逆時鐘方向扭開裡面就看得到一塊有如栓狀的橡皮，檢查橡皮是否有破損，如果有，到水電行買同樣規格橡皮換掉即可，如圖 2-7、圖 2-8 所示。

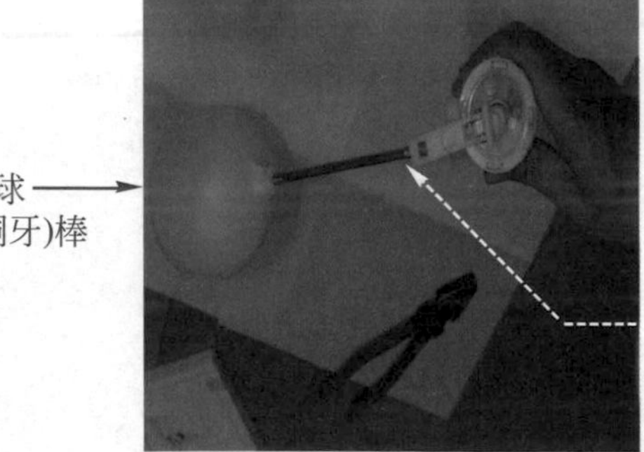

圖 2-6

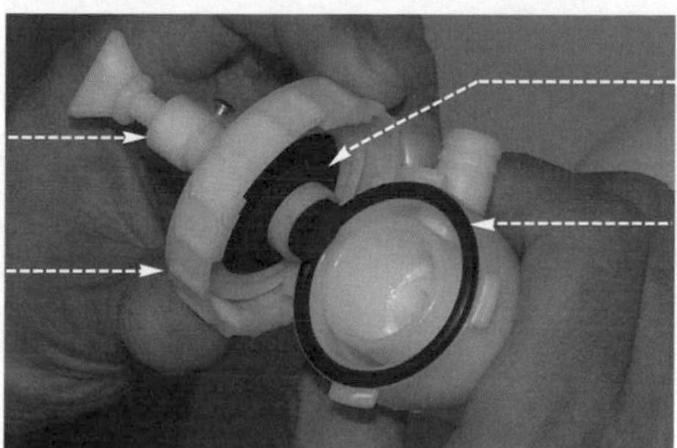

①先把浮球及銅棒旋開
②再把給水栓橡膠螺帽旋開，可看到止水橡皮
④止水橡皮(已破損)，從水栓把橡皮取出，一手握卡栓，一手取橡皮，往後拉就可取出。拿到水電材料行購買一樣規格的橡皮。
③橡皮的卡栓

圖 2-7

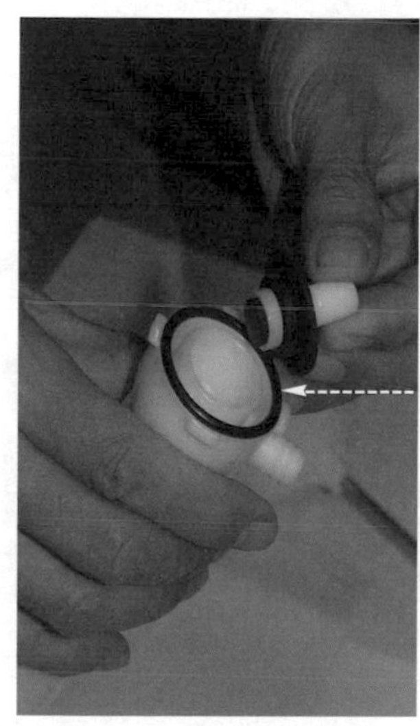

⑤換妥新橡皮，對準出水栓口，放置原位。(要密合)
⑥按圖 2-7 旋回給水栓帽②項，再將浮球及銅牙棒按圖 2-6 順時方向旋緊。
⑦打開三角凡而進水至水箱，若浮球水滿給水栓不再進水，那水箱就不可能再滿水出來了。

圖 2-8

2. 蹲式馬桶與高水箱的構造和維修

高水箱(蹲式馬桶)其構造(如圖 2-9)與安裝如下述：

(1) 先將高水箱的箱體(固定用螺絲孔)擺置在蹲式馬桶的沖水口中間位置，高大約 2 米的中心點位置，並用簽字筆在螺絲孔做上記號點，再使用電鑽鑽孔並打入塑膠塞 4 支。

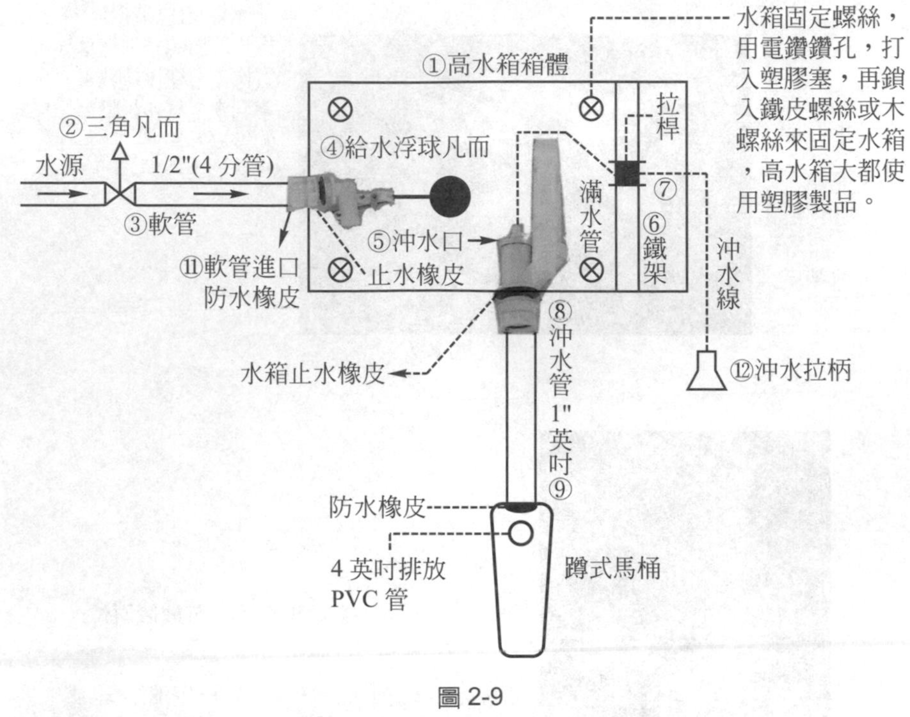

圖 2-9

⑵ 將浮球凡而鬆開外牙套，而止水橡皮鎖在水箱體，使用活動扳手平均的旋緊(順時鐘方向)，高水箱的沖水口同樣鬆開外牙套，而止水橡皮也鎖在水箱體內，使用活動扳手或管子鉗旋緊橡皮。

⑶ 固定水箱的拉柄鐵架(沖水用)並鎖上拉柄螺絲，再綁上沖水線及拉線柄。

⑷ 將水箱置於預做之塑膠塞，並使用螺絲起子鎖上 4 支水箱的固定螺絲，讓水箱貼壁且牢固。

(5) 在三角凡而處配1支軟管(銅、塑膠、鉛三種管質都可以)惟要注意軟管進水口有一塊橡皮一定要裝入並鎖緊以防漏水。

(6) 從水箱沖水口配 1 支 1 吋的 PVC 管到蹲式馬桶的沖放口，同樣在入口端也有一塊橡皮要塞入管內與馬桶的入口處，防止漏水。而沖水口與PVC管的連接外牙套也要放入一塊止水橡皮在水箱內，並旋緊。

(7) 打開三角凡而進水，看會不會漏，會漏把外牙套再上緊一點，讓橡皮更密合，就可杜絕漏水。

(8) 浮球凡而充水至定點(水箱的八分滿位置，用手拉沖水把柄，而拉線扯動拉桿就會將沖水口打開，水壓從沖水口徑1英吋管洩放到蹲式馬桶，再由(4吋排水口)流放至(化糞池)，經沈澱分解後，排放到污水溝)。

(9) 浮球凡而進水至滿水位不能停止進水，而水經(滿水管)流到馬桶不止，沖水口橡皮換新或看是否有雜物卡住活塞。

(10) 拉沖水柄很鬆，且不會沖水，拉線斷，重換1條即可。

(11) 浮球凡而進水至水箱內會漏水，上緊外牙套若無效，先關掉三角凡而，在⑪點換一塊新橡皮即可。

(12) ⑧點沖水管與外牙套(1吋)會漏水，一樣換掉⑤止水橡皮即可。

3. 噴射式沖水蹲式馬桶(免用水箱) (如圖 2-10)

(1) 此型馬桶沖水器，免用高水箱，利用⑧點進水的壓力，由沖水把柄直接加壓沖水⑨點，是故目前被大量設計與使用。接管方式請參考圖 2-10 四個步驟。

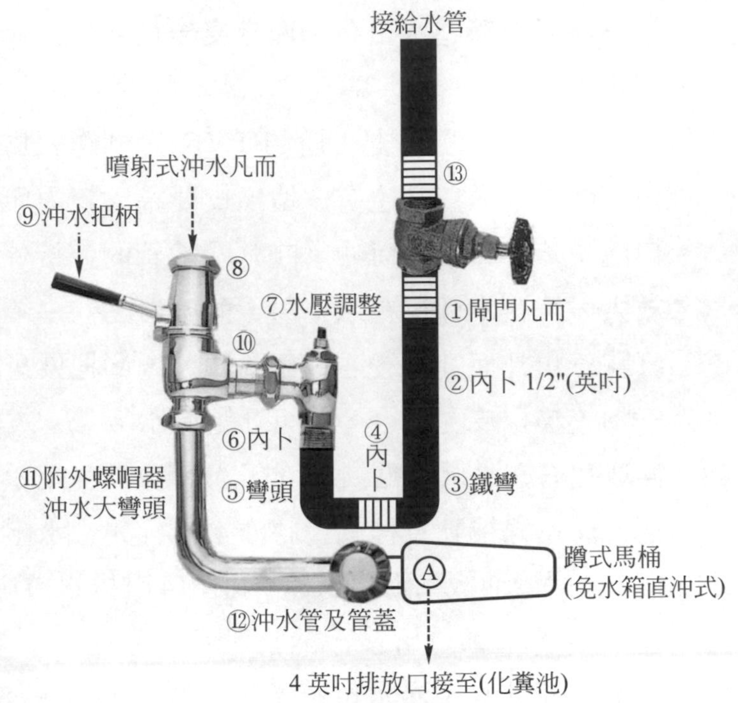

圖 2-10

(2) 先施配給水管經閘門凡而⑬，再配管引進①②③④⑤點進水口，接著鎖好⑥內固定接管至⑦調壓器，接著鎖緊⑩點內螺牙母，而⑧點是一個止水內牙塞，可維修內部元件及檢視。

(3) 從沖水器⑪點配 1 支鍍銅管至蹲式馬桶進水口⑫點記得要塞入一個防水橡皮塞。

(4) 把蹲式馬桶定位，並敷設水泥固定，就全部完工。

(5) 要沖水押⑨沖水把柄，再經由⑧入水口加壓沖入⑫點沖放管至馬桶內。再經由 4"排水管排放到化糞池。

(6) 押⑨沖水把柄無水量，或太小，甚至流不止，此乃沖水器內部橡皮塞出問題，用活動扳手拆開⑧點，然後把橡皮塞檢視不良換新。記得先關掉⑬給水閘門凡而。

(7) 水量太小或太大，調整⑦點水壓調整器。

(8) 漏水的部份如果是⑪點、⑩點，換掉止水橡皮即可。

(9) 漏水的部份如果是⑬點、①點、③點、④點、⑥點則拆開，重繞止洩帶，並用管鉗旋緊，應該就好了。

(10) 馬桶阻塞，使用通管彈簧條,吸拔器疏通。若仍阻塞放入大瓶(通樂)靜置灌入馬桶沖水口大約一小時，大量沖放熱水，即可疏通。

4. 手押式小便斗結構(如圖 2-11)與組合維修

男廁小便斗的種類有傳統舊式的手押沖水及紅外線偵測感應電磁閥沖水兩種，且按現場需求有壁掛式及立地式兩種。

手押沖水小便斗是由 1 組手押沖水器配合沖水軟管與小便斗瓷器與排水管所組成。

(1) 先將小便斗瓷器托起貼壁大約 1 米高左右，在⑩⑪四個固定螺絲孔做上記號，然後輕放於地上。使用電鑽鑽四個膨脹螺絲孔(記住不要鑽太淺或太深)太淺小便斗無法貼壁，太深螺母會鎖不到螺桿螺絲。使用鐵鎚打入 4 支螺絲，先用活動扳手將螺母上緊(露出足夠突出固定點⑩⑪可鎖得到螺母的長度，再鬆掉螺母及墊圈。因爲膨脹螺絲已膨脹牢固)。

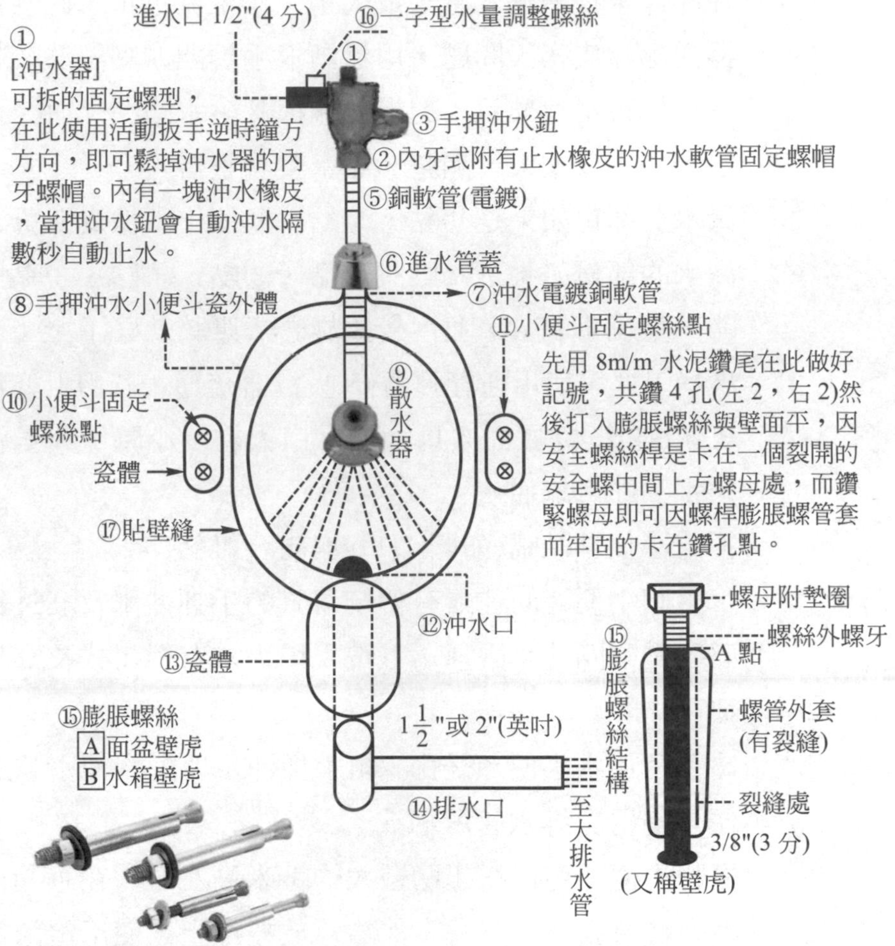

進水口 1/2"(4 分)

⑯一字型水量調整螺絲

①

①
[沖水器]
可拆的固定螺型，
在此使用活動扳手逆時鐘方
方向，即可鬆掉沖水器的內
牙螺帽。內有一塊沖水橡皮
，當押沖水鈕會自動沖水隔
數秒自動止水。

③手押沖水鈕

②內牙式附有止水橡皮的沖水軟管固定螺帽

⑤銅軟管(電鍍)

⑥進水管蓋

⑦沖水電鍍銅軟管

⑧手押沖水小便斗瓷外體

⑪小便斗固定螺絲點

先用 8m/m 水泥鑽尾在此做好
記號，共鑽 4 孔(左 2，右 2)然
後打入膨脹螺絲與壁面平，因
安全螺絲桿是卡在一個裂開的
安全螺中間上方螺母處，而鑽
緊螺母即可因螺桿膨脹螺管套
而牢固的卡在鑽孔點。

⑨散水器

⑩小便斗固定螺絲點

瓷體

⑰貼壁縫

⑫沖水口

⑬瓷體

⑮膨脹螺絲
A 面盆壁虎
B 水箱壁虎

$1\frac{1}{2}$"或 2"(英吋)

⑭排水口

至大排水管

⑮膨脹螺絲結構

螺母附墊圈

螺絲外螺牙

A 點

螺管外套
(有裂縫)

裂縫處

3/8"(3 分)

(又稱壁虎)

圖 2-11

⑵ 扶起小便斗，鎖上螺母固定小便斗貼壁螺絲，並將沖水器處②點沖水器內牙蓋螺帽附止水橡皮鎖緊 1 支軟管到小便斗⑥點進水管蓋內，並延伸 1 只散水器。

⑶ 在⑫點排水口引接至預定排放管內(內底部附有 1 防水橡皮要記得塞緊)。

(4) 押③點小便斗沖水鈕，大功告成。水量大小可用一字起子調整⑯點，往左水量大，往右水量小。

(5) 押沖水器水很小，或流不止，鎖掉⑯點至底後換掉內部橡皮即可，或許有雜物清除即可。

(6) 小便斗阻塞，使用彈簧條，拔塞器疏通，仍不通改用化學處理(通樂)，再不通，可能要拆開小便斗整體，直接使用長的彈簧條在排水管做通管工程。

(7) 小便斗鬆動，再上緊⑩點與⑪點膨脹螺絲，若依然鬆動，可購買快乾水泥塗抹在小便斗的貼壁縫，即可解決。圖面⑰點左右全面瓷體。

5. 排水管不通或馬桶不通的處理方法：

(1) 使用小彈簧條水電材料行或五金行有賣，將彈簧頭對準排水口，順時鐘方向一邊旋轉,一邊用手往下壓，若有阻塞物，不是被擠開，也可能會被彈簧條的頭纏出來，順通後，再多旋轉一次，徹底清除。圖 2-12 所示。

◎水管阻塞排除

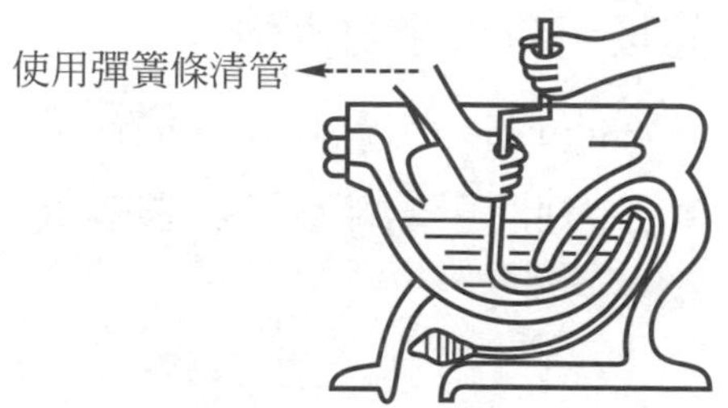

圖 2-12　瞭解馬桶構造

(2) 若臨時沒有彈簧條或鐵線，可用簡易的橡皮塞，用力壓在排水口，再用力拔開，多做幾次拔塞動作，或許排水管就通了。也可在水槽底下有一個清潔口，先使用活動扳手把水塞反方向轉開，再在管內用鐵線疏通去除堵塞物，如圖 2-13 所示。

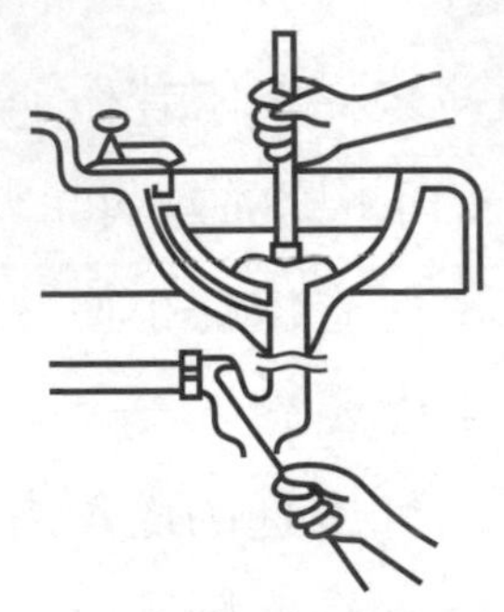

圖 2-13　瞭解面盆構造

(3) 地板排水管阻塞，一樣使用彈簧條疏通或用鐵線清除疏通。彈簧條有 1 米長也有大約 12 尺左右，最好各買 1 支，如圖 2-14 所示。

(4) 圖 2-15 使用化學藥劑(通樂大瓶)灌入阻塞的馬桶內留置 30 分鐘後，以大量熱水灌入，一般皆會疏通，但要小心藥劑不要沾到身體。萬一，沾到要馬上清洗，嚴重者儘速就醫。因此類藥劑不是硫酸就是淡鹽酸。

(a) 先將濾片螺絲使用起子，反時鐘方向旋鬆取出固定螺絲及濾片。

(b) 使用彈簧條通管器來疏通排水管。

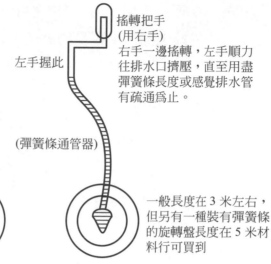

搖轉把手
(用右手)
右手一邊搖轉，左手順力往排水口擠壓，直至用盡彈簧條長度或感覺排水管有疏通為止。

左手握此

(彈簧條通管器)

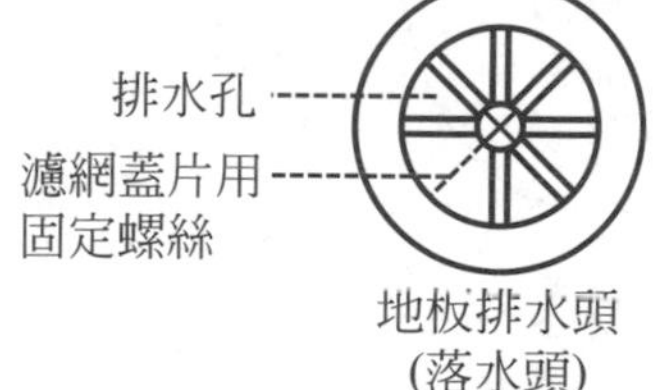

一般長度在 3 米左右，但另有一種裝有彈簧條的旋轉盤長度在 5 米材料行可買到

圖 2-14　用鐵絲或可撓性鋼索疏通

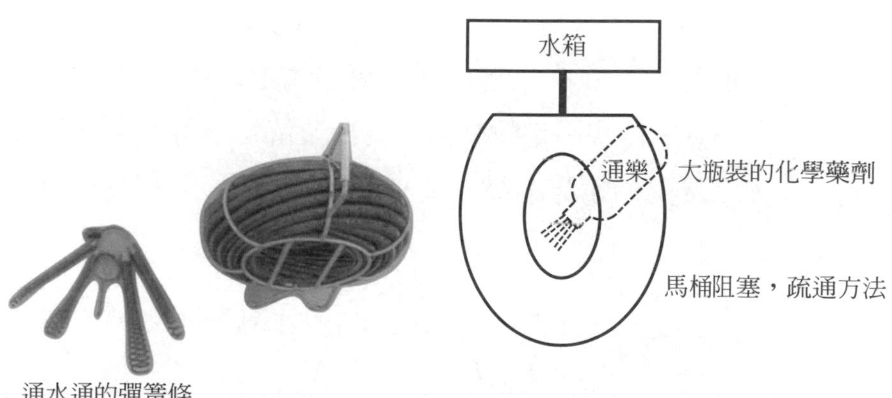

圖 2-15　用化學藥劑疏通

⑸ 馬桶阻塞也可用橡皮拔塞用力壓住排水口，再用力拔出，多做幾次，很輕易的就疏通阻塞，如圖 2-16 所示。

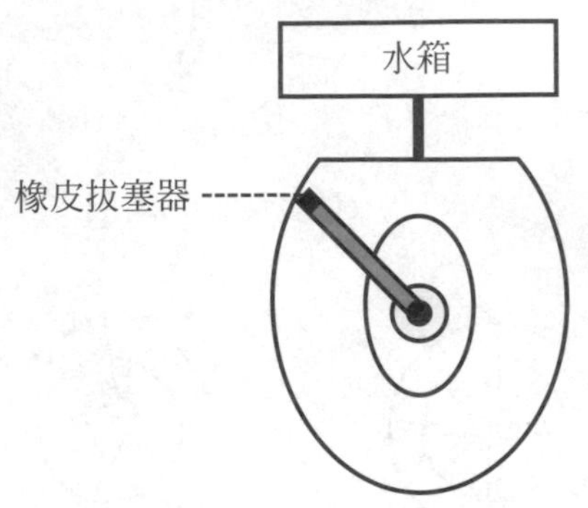

圖 2-16 用橡皮通水器疏通

⑹ 馬桶破裂或想更換新品，很簡單，在馬桶蓋的前方有兩個突出物，如圖 2-17 所示，在其下面有兩個螺母(1 左 1 右)，用手或鯉魚鉗反方向鬆開(要取出螺母才可)手拿馬桶蓋向上一拉，不良品或舊品馬上取出。接著放入新馬桶蓋，兩隻固定螺絲插入馬桶預留孔，再調整一下角度，上緊兩個螺母，就 OK，如圖 2-17 所示。

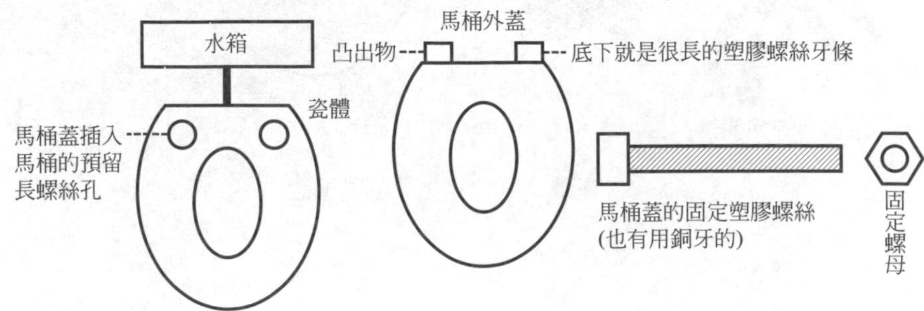

圖 2-17 換裝馬桶蓋

6. 修理各種水龍頭

水龍頭的故障有兩種情況，不是轉沒水，就是水流不停，故障的原因都是內部的止水橡皮(迫緊損壞所致)。家庭用的水龍頭大部份都是 1/2 英吋(即 4 分)，而可區分爲面盆水龍頭、浴室冷熱水混合龍頭、，廚房用長栓自由水龍頭或冷熱水混合龍頭一般用的水龍頭，及面盆底下的三角凡而。原理都一樣，但是外型、操作、顏色以及止水橡皮的形狀，卻各有不同。

維修方法：不論是甚麼水龍頭漏水，一定要先將水源總開關關掉，才不致變成落湯雞。除了面盆水龍頭不需要，因爲在面盆下面有一個三角凡而可以止水，是故方便多了。一般給水的總開關在水箱內(水錶)，若水是由水塔供應，則要關掉水塔的給水開關。

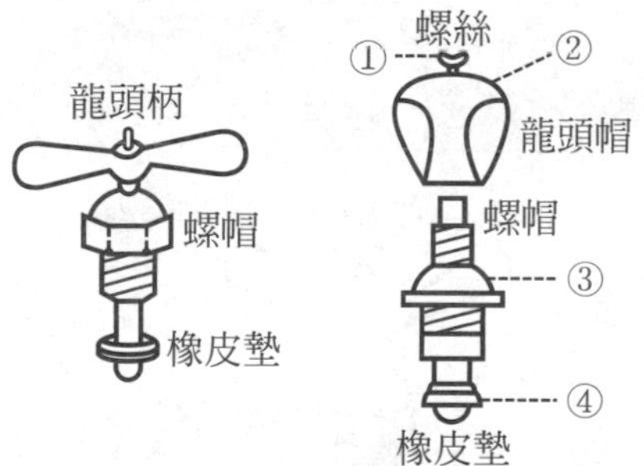

圖 2-18　瞭解水龍頭的分解圖

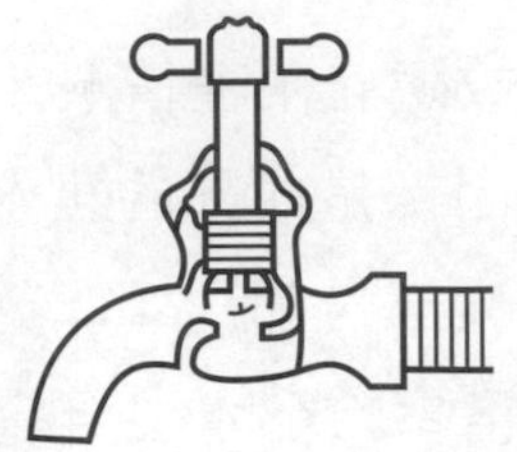

圖 2-19　瞭解水龍頭的組合圖

(1) 先將水源關閉，如圖 2-20 所示。

(2) 鬆開水龍頭的扭帽十字螺絲，並將扭帽往上拉出，如圖 2-21 所示。

(3) 用活動扳手反方向轉開螺帽，如圖 2-22 所示。

(4) 換裝止水橡皮塞入調水口，如圖 2-22 所示。

圖 2-20　將水源關閉

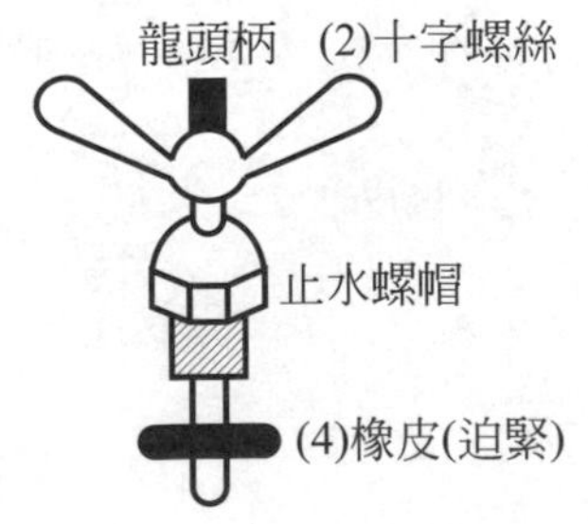

圖 2-21　用扳手將止水螺帽旋開

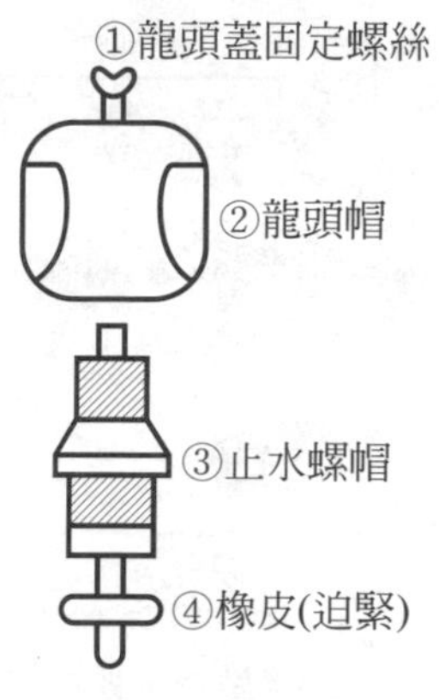

圖 2-22　換裝橡皮墊

⑸　按拆卸反順序一一裝回，打開給水開關，扭轉水龍頭是否已正常。

⑹　換裝或維修(洗臉盆)或(浴缸的)水塞方法。其實更換水塞是一件很容易的事，因爲這塊橡皮是由一條不銹鋼鍊條，用彈簧圈卡在圈內，若脫落再像鑰匙圈一樣把它夾圈即可。若是鏈條斷，看是否有鏈環把兩端圈起來即可。若不想如此做，買整組新的水塞附鏈條(很便宜)照原來安裝的方式與型態，有樣學樣，把它完成。如圖 2-23、圖 2-24 所示。

鏈條斷掉，使用尖嘴鉗在(A)點扳開鏈環口，然後鉤入(B)點，再用尖嘴鉗夾合即可。

圖 2-23　換裝洗臉盆塞子

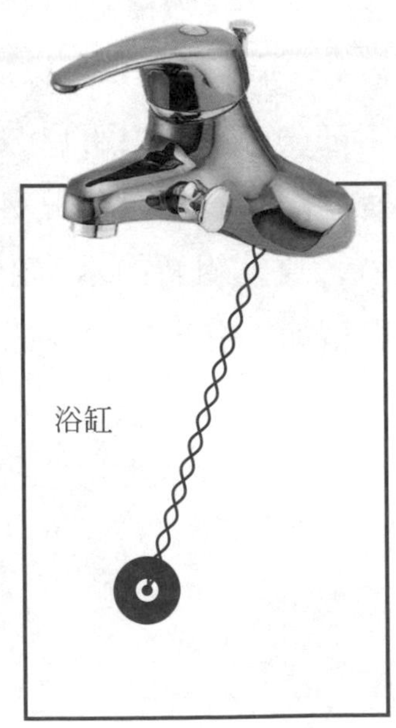

圖 2-24

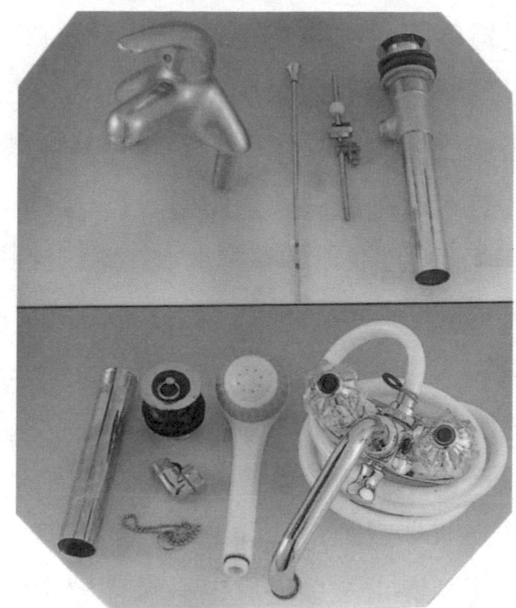

洗臉盆配件

浴缸配件

7. 瓦斯熱水器之動作原理及安裝(圖2-25-1、2-25-2及2-25-3)

半密閉強制排氣瓦斯熱水器動作說明：

裝置熱水器後，接上AC 110V電源，使溫度控制通電中。

(1) 熱水水龍頭打開

① 水量檢知開關接通，使電子控制器通電。

② 送風機起動，且持續運轉。

③ 母火電磁閥打開。

④ 點火器產生高壓火花，使母火點著。

(2) 火焰感應針，感應到母火的熱度後

① 將母火水電磁閥切斷，同時將主爐火電磁閥打開(持續通電中)。

② 主爐火電磁閥通電後，隨即完全打開瓦斯考克開關。

③ 依據瓦斯流量控制量大小，將瓦斯全部送入主爐燃燒器。

④ 冷水經過熱交換器的作用，迅速將其加熱到溫度設定值後，熱水流出以供人員使用。爲穩定供應使用熱水溫度，由溫度控制器調整冷水水量比例控制器的流量。

(3) 關閉熱水水龍頭

① 水量檢知器切斷電子控制器電源，瓦斯、熱水器全面停止燃燒加熱動作。

② 殘火安全檢知開關檢查已無殘留火焰情形。

③ 送風機仍運轉到設定時間後，將熱水器內部的一氧化碳排出後才停止，以免發生一氧化碳中毒情形，而發生意外事件。

目前住家陽台有加蓋及通風不良之虞處所非常多，因此當裝設瓦斯熱水器容易造成一氧化碳中毒現象，影響生命安全，所以消防單位即要求上述兩種通風不良的場所，裝設半密閉強制排氣瓦斯熱水器(EF型)，可以在瓦斯熱水器燃燒後，將產生的一氧化碳完全排到戶外。

半密閉強制排氣(EF型)瓦斯熱水器結構，如圖2-25-1所示：

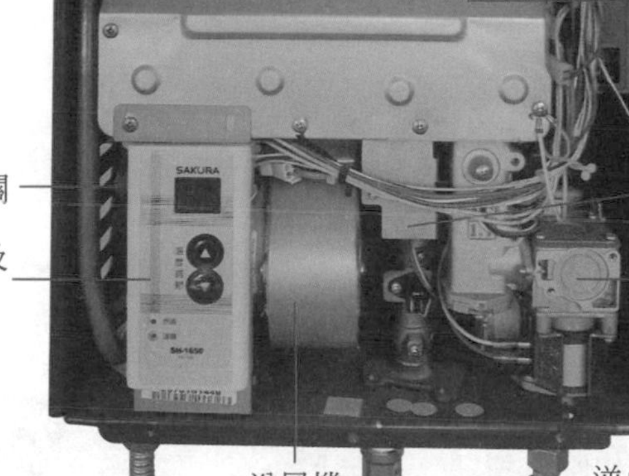
過熱保護開關
熱交換器
水溫感測器
瓦斯流量調整
及電子控制器
點火器及火焰感應針
主爐燃燒器
殘火安全開關
母火電磁閥
主爐火電磁閥
水量感測開關
溫度設定開關及
風壓控制開關
水量比例控制閥
送風機
逆止閥
熱水流出
瓦斯進入
冷水進入

圖 2-25-1

瓦斯熱水器從以往的手動點火，到目前的水流點火及各種安全保護設備，可說是越來越多特點，但其安裝方法其實是很簡單的。圖 2-25-2 所示。

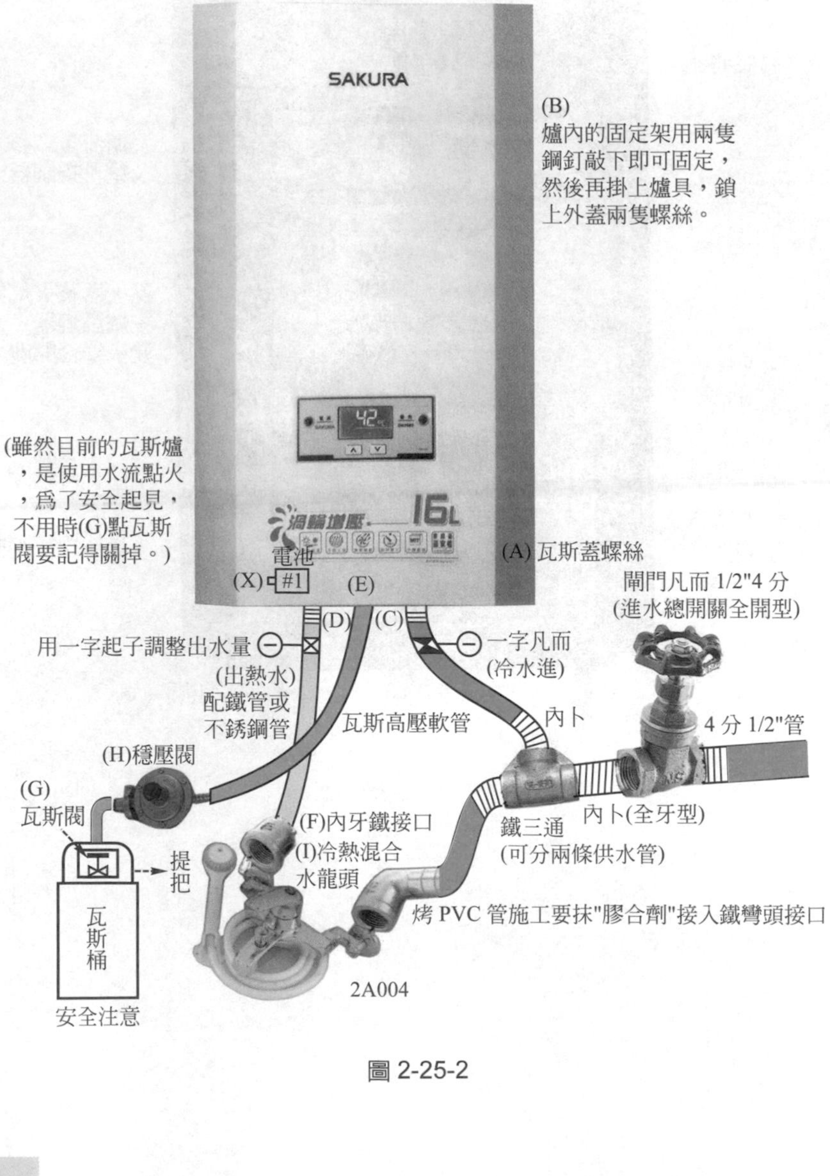

SAKURA

(B)
爐內的固定架用兩隻鋼釘敲下即可固定，然後再掛上爐具，鎖上外蓋兩隻螺絲。

(雖然目前的瓦斯爐，是使用水流點火，爲了安全起見，不用時(G)點瓦斯閥要記得關掉。)

(A) 瓦斯蓋螺絲

電池
(X) #1
(E)
(D)
(C)

閘門凡而 1/2"4 分
(進水總開關全開型)

用一字起子調整出水量
一字凡而
(冷水進)

(出熱水)
配鐵管或
不銹鋼管

瓦斯高壓軟管

內卜

4 分 1/2"管

(H)穩壓閥

(G)
瓦斯閥

內卜(全牙型)

(F)內牙鐵接口
(I)冷熱混合
水龍頭

鐵三通
(可分兩條供水管)

提把

瓦斯桶

烤 PVC 管施工要抹"膠合劑"接入鐵彎頭接口

2A004

安全注意

圖 2-25-2

⑴ 先將瓦斯蓋螺絲(A 點)熱水器下兩個手扭螺絲反方向鬆開，小心打開蓋放旁邊。

⑵ 爐具內有附一吊架，量測瓦斯觀火口離地面 150 公分後輔助用水平儀作好安裝吊記號，使用電鑽裝上水泥專用鑽尾，鑽入牆壁二個水泥孔，塞進PVC塞子固定安裝吊架，再掛上爐具並搖看是否安裝牢靠。(圖 B 點)

⑶ 從總水閥處，接一隻雙面牙的內卜，使用止洩帶(TAPE SEAL 白色的)順時鐘繞上 3、4 圈在牙上，然後用管子鉗把它鎖緊在鐵三通的右邊牙口上。接著以同法固定三角凡而。然後打開三角凡而的附有橡皮內牙螺套進軟管鎖緊，另一端鎖在(圖 C 點)。

⑷ 左邊是熱水管心也是從(一字凡而)附有止水橡皮的內牙絲帽鎖緊 1 支銅管，彎曲至熱水出口即可(圖 2-25D 點)。

⑸ 把瓦斯軟管從穩壓閥引接至爐具中間的瓦斯入口(圖 2-25E 點)，並使用固定夾夾緊。

⑹ 把浴缸冷熱水混合龍頭，左接牙口彎頭熱水，右接牙口彎頭冷水，因附有 N 型配件，所以角度可調至混合水龍頭和水的牙口完全密合。(圖 2-25F 點)

⑺ 檢查一次，並用泡沫測瓦斯有沒有漏氣，會冒氣泡就表示漏氣，直鎖到不漏爲止。

⑻ 把冷熱水混合龍頭扳向左上看看熱水供水是否會自動點火，並加熱冷水，再轉向右看是否冷水也正常供水，如果冷熱水都有水就可以正式使用了。但別忘記斯熱水器的下端，一定要記得裝上一個UM-1 #1 號乾電池，而正

負電極要裝對，否則是不會點火的。

(9) 在冷、熱水管及瓦斯管全部安裝適當後，爲防止瓦斯熱水器燃燒時產生一氧化碳而發生中毒事件，安裝在室內型之瓦斯熱水器，依規定應採用自然排氣或強制排氣型及配置風管，務必將其產生之廢氣全部排除在外。(圖 2-25-3(a)(b))

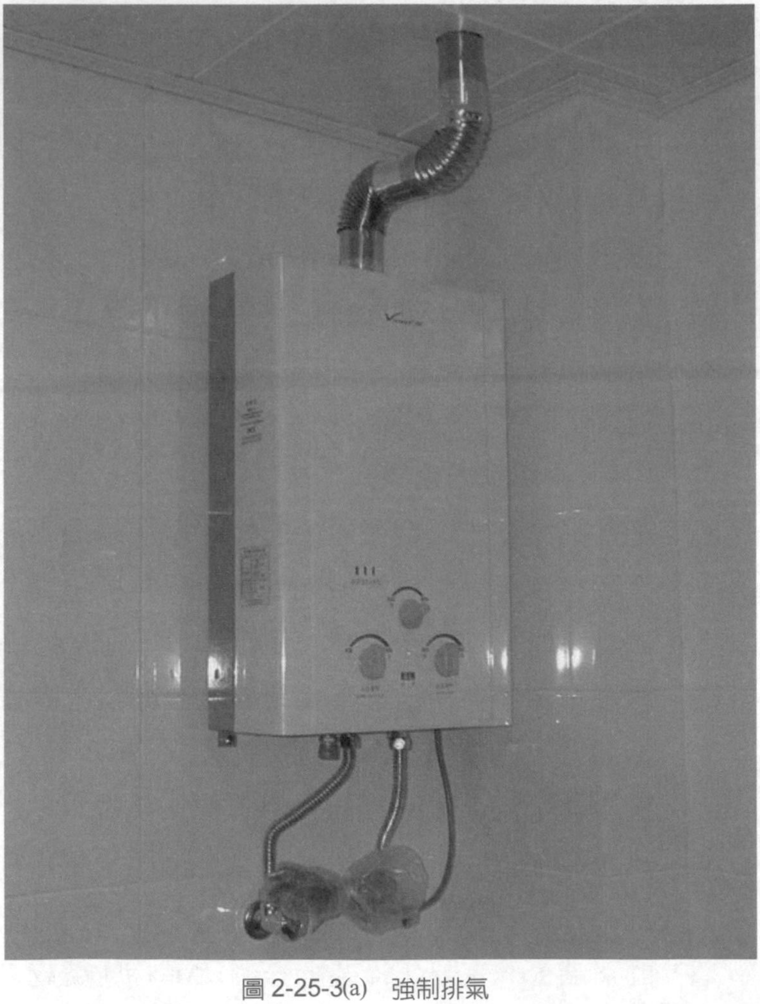

圖 2-25-3(a)　強制排氣

圖 2-25-3(b)　自然排氣

8. 如何安裝浴室毛巾架

家庭內衛浴設備都有，但是如果缺少毛巾架，實有遺珠之憾，因為家庭內每個親人，最基本都會有一條毛巾用來洗臉用，另外一條毛巾用來洗澡，如果一家五口，那就有十條，要怎麼披掛及陰乾，我想最佳的辦法就是裝配"不銹鋼管或電鍍銅管的"毛巾架組合了。

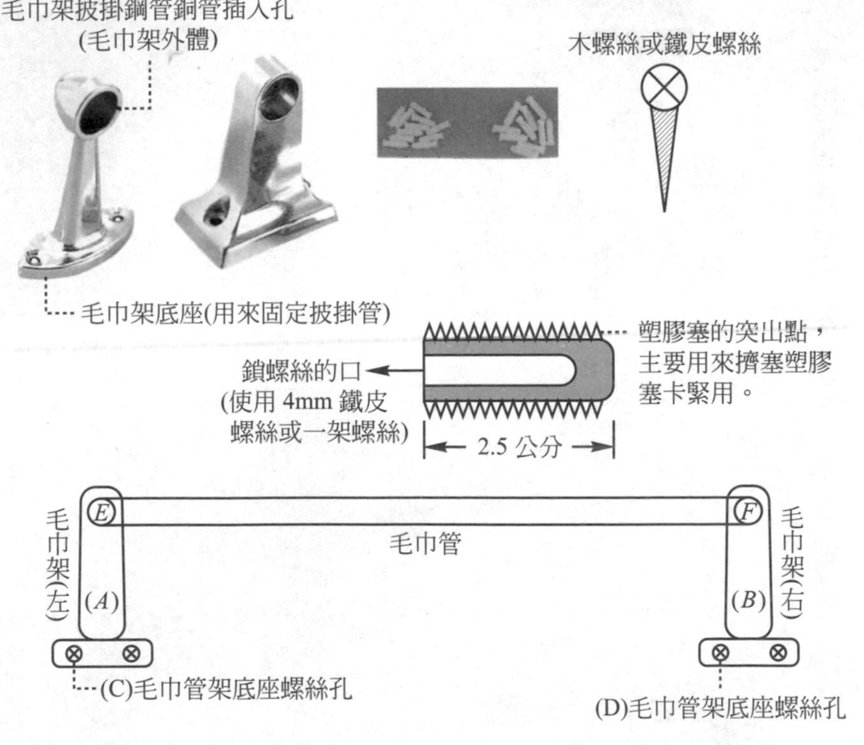

【施工方法】

① 先比測毛巾架的適當位置與長度，用尺量測。

② 把A毛巾管架座放在預定位置，並用簽字筆在兩個螺

絲孔點上記號點，記住管架一定要保持水平，才不會裝管後，變成歪斜狀。

③ 在 C 點使用電鑽裝上水泥專用鑽尾(此電鑽與鑽尾)在一般五金行或電動工具店都可買得到，只要買小支的 0-10mm 110V 就可以了。裝上 5mm 的鑽尾，使用方法請參考說明書，或洽詢工具店。接著把鑽尾對準 C 點螺絲預定孔的位置鑽入大約 2.5 公分深，把塑膠塞打入並與壁面平。並鎖上兩隻鐵皮螺絲或木螺絲，用十字起子，將(A)落座鎖緊固定。

如果塑膠座打不進，洞口太小，可使用電鑽左右上下稍爲側鑽一點(一般我們稱爲“洗洞”)。

④ 將毛巾架管套入(插入)E點，並把右邊的固定架F點套入右管內，目測一下有沒有上下不平歪“斜”，調整後在(D)點管架的兩個螺絲孔做上記號，先放下(B)管架及架管，用電鑽在(D)點鑽兩個 2.5 公分的深度，並用小鐵鎚打入塑膠塞與壁面平爲止。

⑤ 套入毛巾管架 E 點到左邊，並把右邊的管架 F 點也套入，扶起來並對準“D”點鎖入螺絲。這件工程就完成了。

⑥ 毛巾架管的截斷使用手弓鋸(指太長或要分裝數組時)。

9. 水管破裂維修方法

(1) 冷接法(如圖 2-26)

① 先將(A)閘門凡而順時鐘鎖緊，關閉給水。

② 在(B)點 PVC 管漏水處，以中心破裂點爲基準，使用鋸弓或鋸片左側鋸掉 2 公分，右側鋸掉 2 公分，鋸掉

合計 4 公分，要利用 PVC 管(直接頭來冷接)。因爲直接頭全長 8 公分，左邊有把管子擴大 2 公分，右邊也把接頭擴大 2 公分，所以(A)(B)點兩邊要鋸掉 4 公分，最主要就是把破裂切斷後的管套入(直接頭的擴管頭內)。

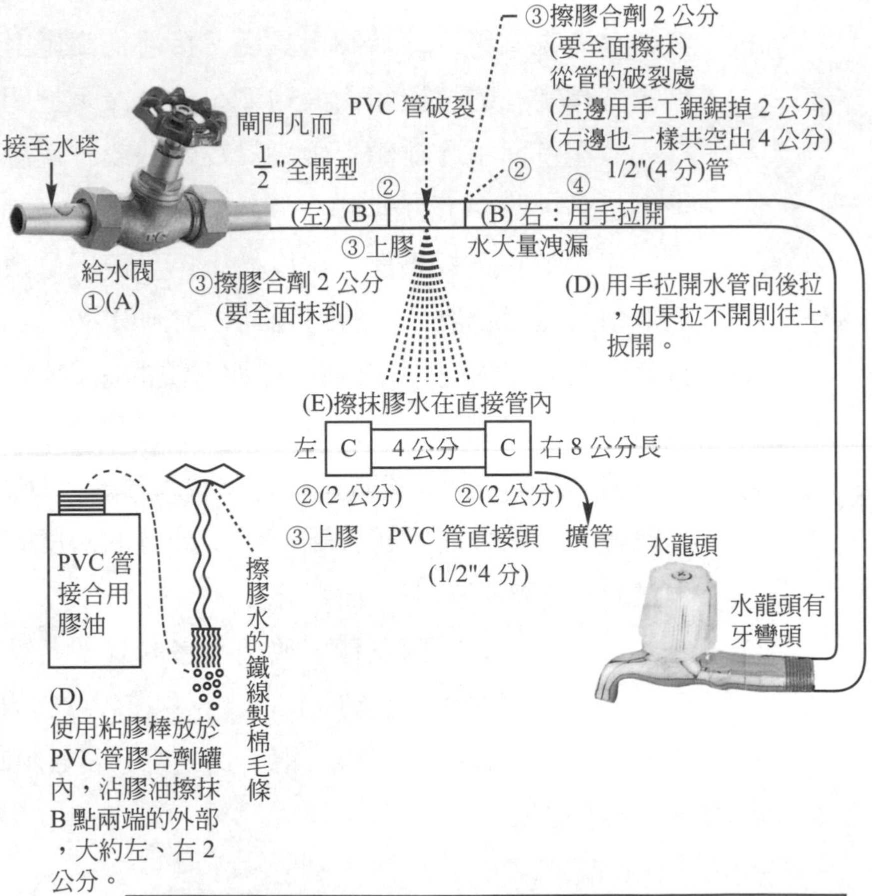

③擦膠合劑 2 公分
(要全面擦抹)
從管的破裂處
(左邊用手工鋸鋸掉 2 公分)
(右邊也一樣共空出 4 公分)
PVC 管破裂
閘門凡而
$\frac{1}{2}$"全開型
接至水塔
②
②
④
1/2"(4 分)管
(左) (B)
(B) 右：用手拉開
③上膠
水大量洩漏
給水閥
①(A)
③擦膠合劑 2 公分
(要全面抹到)
(D) 用手拉開水管向後拉，如果拉不開則往上扳開。
(E)擦抹膠水在直接管內
左 C 4 公分 C 右 8 公分長
②(2 公分) ②(2 公分)
③上膠 PVC 管直接頭 擴管
(1/2"4 分)
水龍頭
水龍頭有牙彎頭
PVC 管接合用膠油
擦膠水的鐵線製棉毛條
(D)
使用粘膠棒放於 PVC 管膠合劑罐內，沾膠油擦抹 B 點兩端的外部，大約左、右 2 公分。

P.S 擦抹膠水，一定要 365 度整個圓徑面抹均勻，才不會漏水。
B 點兩端擦管外，C 點兩端擦管內。

圖 2-26

③ 使用膠合劑擦膠柄去沾膠合劑，先塗抹B管(左側與右側)的外部從上到下抹至少2公分全面外徑，接著再用膠水擦，去塗抹PVC直接頭(C點左邊與右邊)擦內部。

④ 用右手拉開B管的左邊，把直接頭吞入塑膠管(C)點左邊內，再把(B)點右邊往後拉開，塞入直接頭“C點”右邊至PVC管右管。記住插入後，PVC管及直接頭都不可旋轉或移動，因會使水管再度漏水。

一般冷接法，需等膠乾大約一小時左右，一小時後，打開給水關閘凡而(A)，看原來PVC管(B點)是否還會漏水，如果沒有大功告成。會再漏，一定是膠水擦不均勻，或套管(直接頭)吞入PVC管太淺(不到2公分)所致，另一種情形就管子有去搖晃或轉動，需再重接一次。

⑵ 熱接法

【施工方法重述】圖2-27所示

① 先將(A)給水的球型凡而往下扳關掉給水。

② 在“N”點的位置，將PVC直型接頭比在破裂處的位置，左右各留擴大的直接頭管口，左右各2公分鋸掉，破裂的水管要將水排放(押低“H”點)讓水滴乾。

③ 使用膠油抹把，塗抹“H”點與“I”點內管與外管(直接頭)都要抹膠合劑。先插入“H”點的管，再壓入“I”點的管，就完成全部接管手續。等大約一小時才打開(A)給水凡而，應該就不會漏水，而打開(I)水龍頭正常供水。

④ 若直接頭無法順利接入，(I點)無法壓上或下接入，則需使用烤管法，來引接。使用瓦斯噴燈點火的方法，

請看 L 點與 K 點所圖示。

(K)：調火力大小的閥

(順時鍾方向，火小並可全關閉)
(逆時鍾方向，火大，注意會把管烤焦)
(烤 PVC 管要前後上下交叉離大約 8 公分，才不會烤焦 PVC 管。)

(L)：噴火口

[注意事項]
點火時，先開"K 閥"一點點瓦斯，再用打火機點然，
如果開太大，壓力太高，點火較困難。

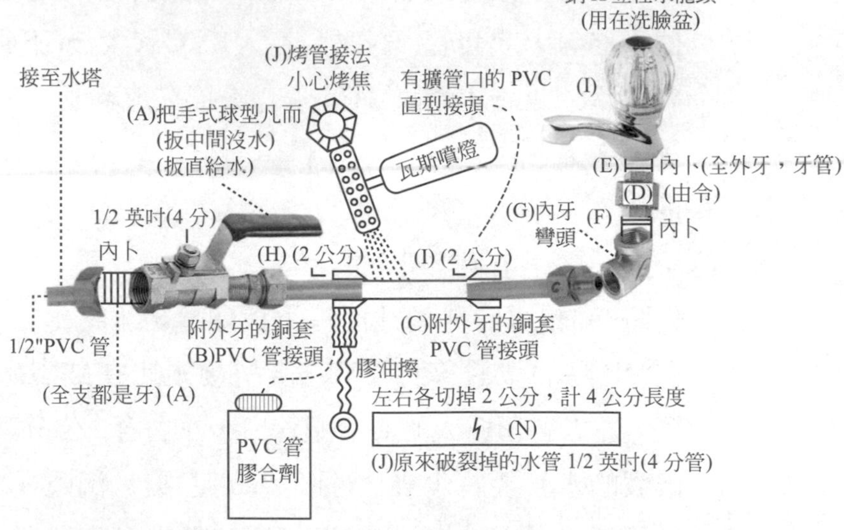

兩個都有牙，可鎖上下兩隻內卜。(E)(F)
中間的(D)點是一個有內牙的螺圈，中間附有橡皮(迫緊)可將(E)與(F)的內卜銜接，因有附牙方便維修。順時鐘方向上緊，反時鐘方向鬆開。使用大支活動扳手或管子鉗，在(D)點緊或鬆。

圖 2-27

⑤ 點燃瓦斯噴燈，把“H”點到“I”點的PVC管中間，稍爲烤軟，軟度夠不夠要帶棉製手套押一下“管子”，如果感覺已軟，在H點與I點擦上PVC管膠油，先套入H點再壓彎已軟的PVC管，插入“I點”，就大功告成。接入後乘管尚未硬化前，稍爲擠壓調整烤熱的那段PVC管成全圓型既美觀又水流大。

⑥ 等大約半小時，打開(A)給水開關，恭禧您，水管已不會漏了。

⑶ 給水管漏水專用(銅製快速接頭)

凡給水或排水管破裂，PCV 管我們可以採用(冷接法)或(熱接法)用瓦斯噴燈烤管。而在鐵管或不銹鋼管破管漏水，除了鋸斷重新絞牙(車牙)再裝由令外，就是使用焊接的方式。但是家電DIY的成員，還有一種接漏管的配件(快速接頭)接著要來詳述其功能。

【安裝方法】(如圖2-28所示)

① 將手弓鋸在水管破裂點鋸開，記住鋸開的長度要能套入(G)點外套管爲原則。

② 把(E)點旋帽放入(左邊)的水管內，並套進(C)點止水橡皮，都把它往左移，才能套進(外套管)。

③ 把(F)點旋帽放入(右邊)的水管內，並套進(D)點止水橡皮。

④ 把(E、C 點)與(F、D 點)平均移到切開的水管中間點(H)橡皮塞儘量推往水管的間隙。

⑤ 鎖緊E點內牙帽及F點的內牙帽，就OK了。(使用管子鉗旋緊)

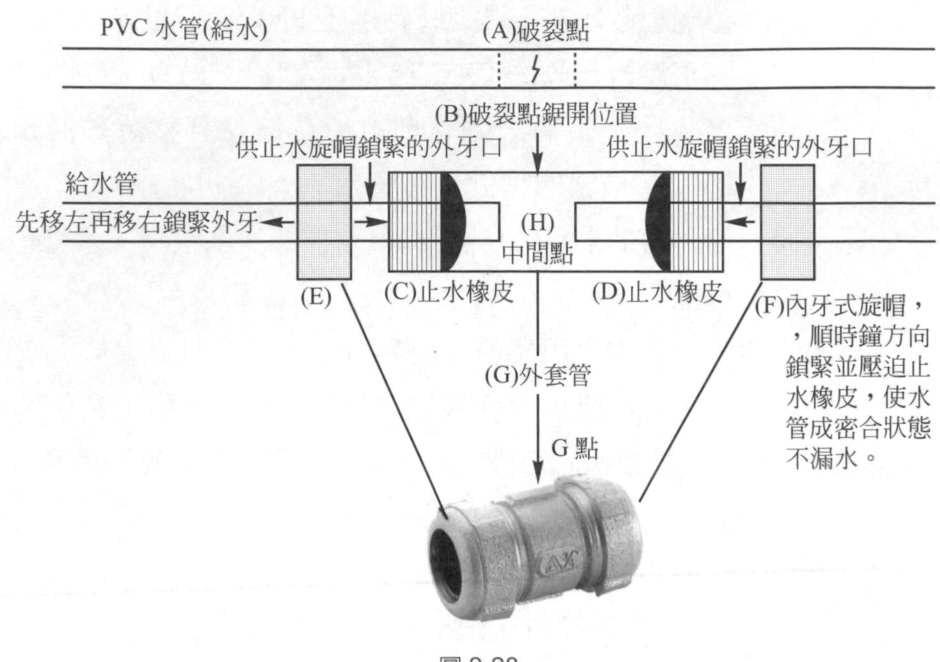

圖 2-28

10. 馬桶與水箱的組合與原理(蹲式馬桶用高水箱)(坐式馬桶用低水箱)，其實原理是一樣的。如圖 2-29 所示，只不過高水箱沖水是用拉的，而坐式水箱(低水箱)是用按鈕的。

(1) 水箱由(A)三角凡而接一條銅軟管至給水柱，水由水栓孔流進，當浮球浮起 C 點，裡面的水塞(橡皮)擋住進水，而 B 點是水箱排放到馬桶的沖水口，當押(D 點)沖水把柄，沖水口就會打開，經過(F)點將水箱的水壓沖水至馬桶內。

(2) G點是水箱至馬桶的水管，銜接用防水橡皮(外稱"阿皮固")。

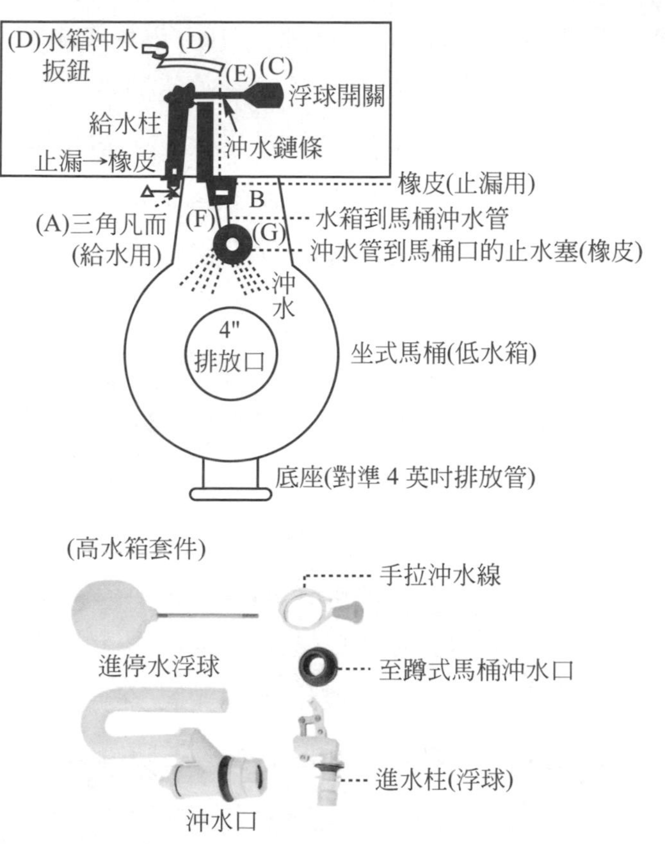
(D)水箱沖水
扳鈕
(D)
(E)
(C)
浮球開關
給水柱
沖水鏈條
止漏→橡皮
橡皮(止漏用)
B
(A)三角凡而
(給水用)
(F)
水箱到馬桶沖水管
(G)
沖水管到馬桶口的止水塞(橡皮)
沖
水
4"
排放口
坐式馬桶(低水箱)
底座(對準 4 英吋排放管)
(高水箱套件)
手拉沖水線
進停水浮球
至蹲式馬桶沖水口
進水柱(浮球)
沖水口

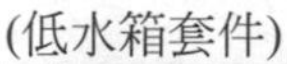

(低水箱套件)

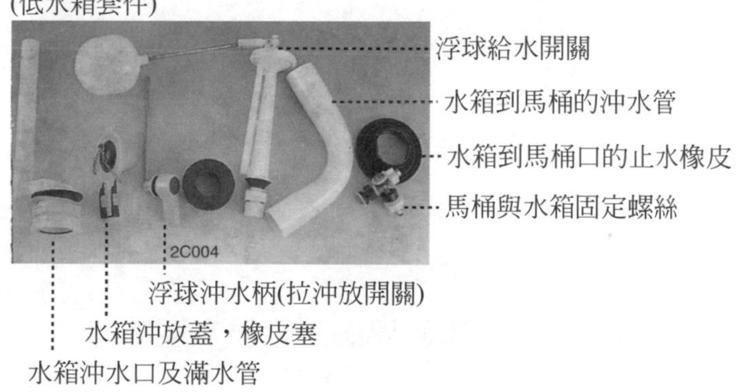
浮球給水開關
水箱到馬桶的沖水管
水箱到馬桶口的止水橡皮
馬桶與水箱固定螺絲
2C004
浮球沖水柄(拉沖放開關)
水箱沖放蓋，橡皮塞
水箱沖水口及滿水管

圖 2-29

(3) 當沖水完畢沖水口會自動再關閉(B 點)，浮球凡而再次進水，等待水滿後，再下一次使用沖水。

(4) A 點進水栓內外要鎖螺圈及橡皮，防止漏水。水箱到馬桶沖水口，其上下也有固定螺圈及橡皮，防止漏水。

(5) 至於水箱的故障，維修方法請參閱(圖 2-2 到 2-8)施工即可(在第 2-5～2-8 頁)。

(6) E 點是拉沖水口的鏈條。

11. 洗臉盆水龍頭漏水的修理方法(圖 2-30)所示

(1) 看是熱水或冷水的洗臉盆漏水然後在臉盆底下，使用一字起子先關掉冷水或熱水的凡而。(圖 A 點或 B 點)

(2) 使用一字起子，撬開水龍頭外蓋(C 點)就會看到有十字螺絲(E 點)固定著水龍頭轉鈕，用十字起子逆時鐘方向把螺絲鬆下來，並取出水龍頭轉鈕蓋。

(3) 使用大支活動扳手或管子鉗，逆時鐘方向旋開(F點)，牙栓的固定內牙套。

(4) 取出中心給水栓，將會看到一塊橡皮，一定是變形或破爛，去水電行買一片，套進栓心(如 G 點)，並放回水龍頭栓孔內。

(5) 鎖回八角內牙柱套(最好繞一、二圈，白色的止洩帶→TAPE SEAL)順時鐘方向用大扳手轉緊，套回冷水或熱水轉鈕，圖示(G 點)。

(6) 用起子鎖緊水龍頭轉鈕蓋的十字螺絲。

⑺　蓋回蓋片(紅是熱水、藍是冷水)，把面盆底下的(A點或B點)一字凡而用起子反方向旋開，再轉面盆水龍頭的冷熱水，相信不會再漏，這些簡易的DIY，應該會讓您很有成就感。

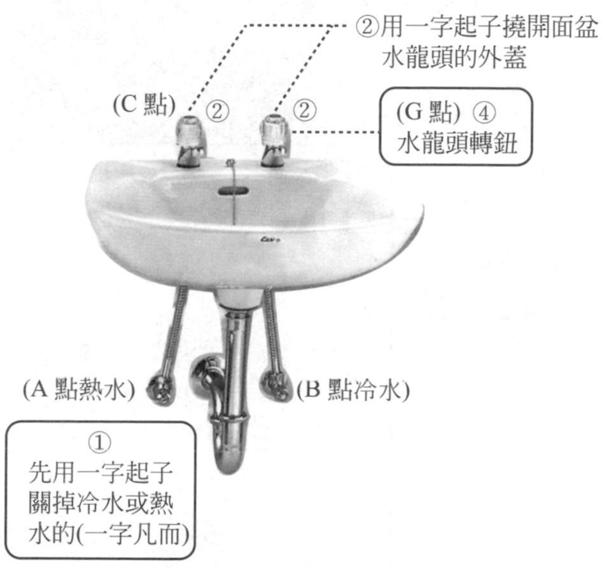
②用一字起子撬開面盆
水龍頭的外蓋
(C 點) ②
②
(G 點) ④
水龍頭轉鈕
(A 點熱水)
(B 點冷水)
①
先用一字起子
關掉冷水或熱
水的(一字凡而)

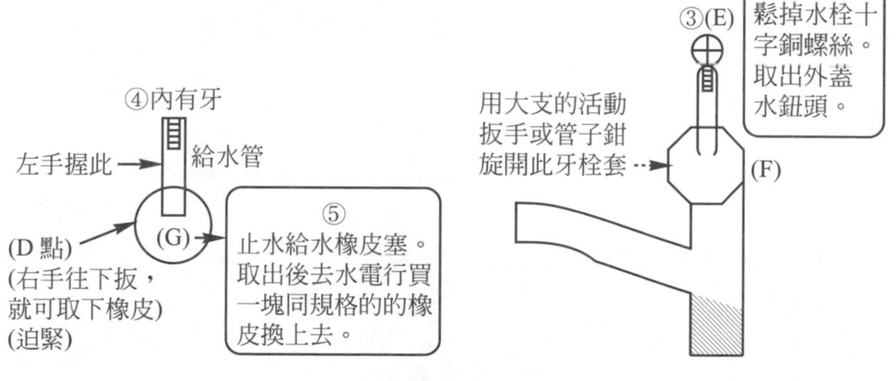
④內有牙
左手握此
給水管
(D 點)
(右手往下扳，
就可取下橡皮)
(迫緊)
(G)
⑤
止水給水橡皮塞。
取出後去水電行買
一塊同規格的的橡
皮換上去。
③(E)
鬆掉水栓十
字銅螺絲。
取出外蓋
水鈕頭。
用大支的活動
扳手或管子鉗
旋開此牙栓套
(F)

圖 2-30

12. 浴缸給水系統的修理(如圖 2-31)所示

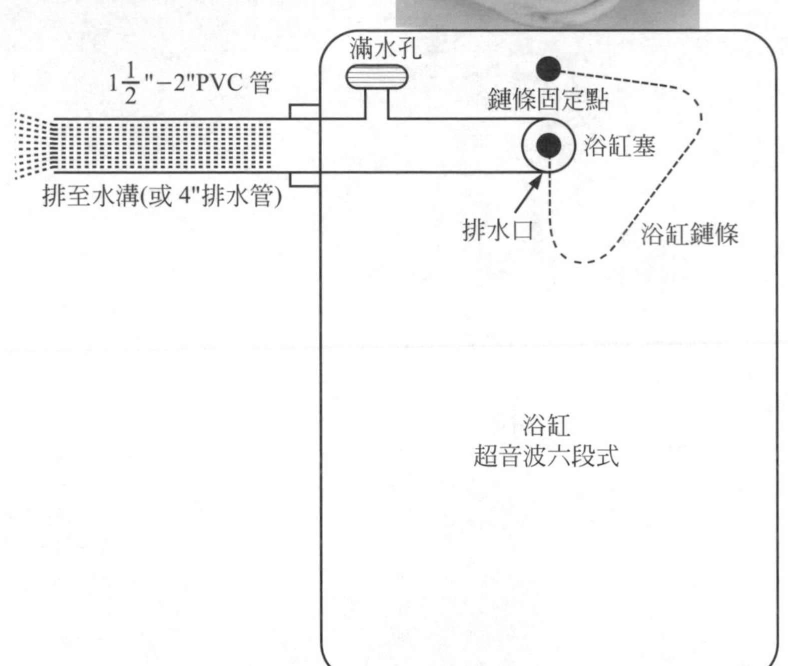

圖 2-31

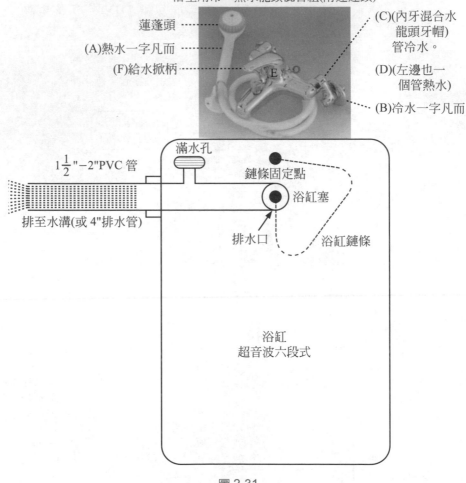

浴室冷熱混合水龍頭(附蓮蓬頭)漏水檢修

圖 2-32

① 不論是冷水或熱水有流水不停歇時，將冷熱混合水龍頭的水源關斷閥用內六角板手順時針鎖緊以停止供水。

② 用小支的一字起子輕巧的將混合水龍頭單手控制把手前方圓型紅藍色的小塑膠蓋片翹起取出。如圖 2-33 所示。

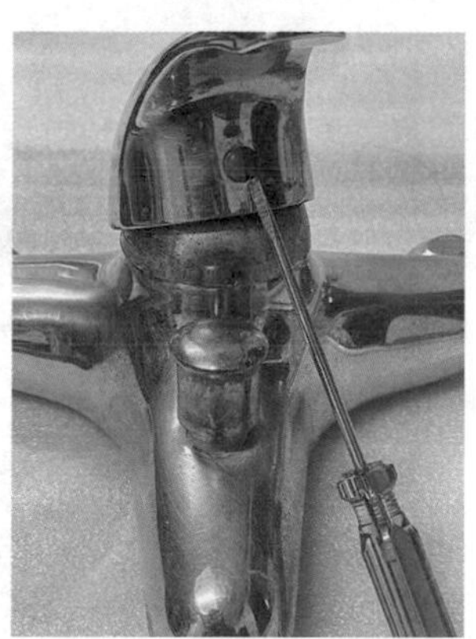

圖 2-33

③ 以小支(3mm)的內六角板手伸入混合水龍頭單手控制把手內部反時針方向鬆開把手固定螺絲後取下來。如圖 2-34 所示。

圖 2-34

④ 使用大型管子鉗反時針方向拆下固定混合水龍頭冷熱水量調整器的大螺母牙帽。如圖 2-35 所示。

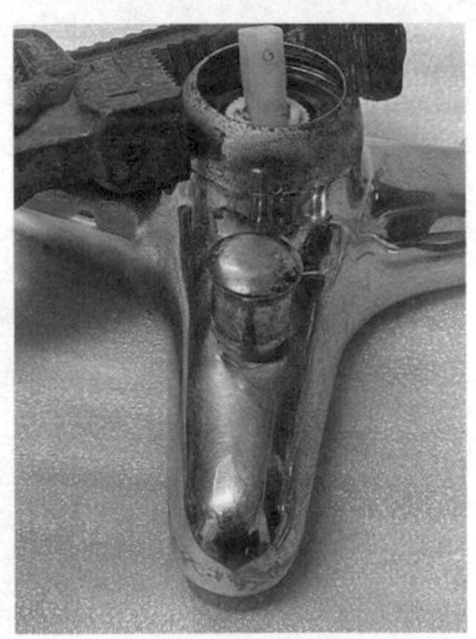

圖 2-35

⑤ 以手指左右搖動水量調整器並移出混合水龍頭的出水孔座。

⑥ 清除混合水龍頭的出水孔座包括水垢、銹斑等異物並擦乾淨再塗抹止洩膏。如圖 2-36 所示。

⑦ 清洗混合水龍頭水量控制器內部的水垢、雜質，也將控制器的橡皮墊表面擦拭乾淨。如圖 2-37 所示。

⑧ 依上述拆卸方式將零組件反順序裝入混合水龍頭內。

⑨ 打開冷熱水的關斷閥試水，若仍有漏水就購買新品更換即可。

圖 2-36

圖 2-37

⑩ 若浴缸排水不通，可使用吸拔器一面進水，一面用力吸拔(橡皮圓塞附柄)。(B)使用彈簧條，(C)不得已使用通樂藥水倒入浴缸排水口(大約一瓶)。等大約一小時，再以大量熱水沖，並用吸拔器吸拔，以筆者的經驗 90％是會通的。如果再不通，表示水管阻塞水泥、鐵品，可能需切管來疏通了。更嚴重者需重新配管。

13. 給排水管或各類水龍頭故障、漏水處理的綜合說明(如圖 2-38)所示。

⑴ 給水若是 PVC 管破裂或漏水，以直接頭冷接或熱接(瓦斯噴燈)詳閱圖 2-29 施工，若是施工時，務必先關閉給水凡而。

⑵ 鐵管的漏水，不論是“內卜”雙面牙、由令、彎頭、三通、給水九十度彎頭，一律關掉水源，使用管仔鉗夾管鬆緊配件，鐵管有牙的部份，大都以止洩帶(TAPE SEAL)纏繞全牙 3～4 圈即可，如不想這麼麻煩，還有一個比較快速的方法，就是關掉給水開關，打開家內所有水龍頭，將管內的水全部放乾，再使用 AB 膠在漏水處做防水處理，內部附有說明書，按書施工即可。附有橡皮，鎖緊兩邊的橡皮蓋片螺牙，即可達到接合的目的。

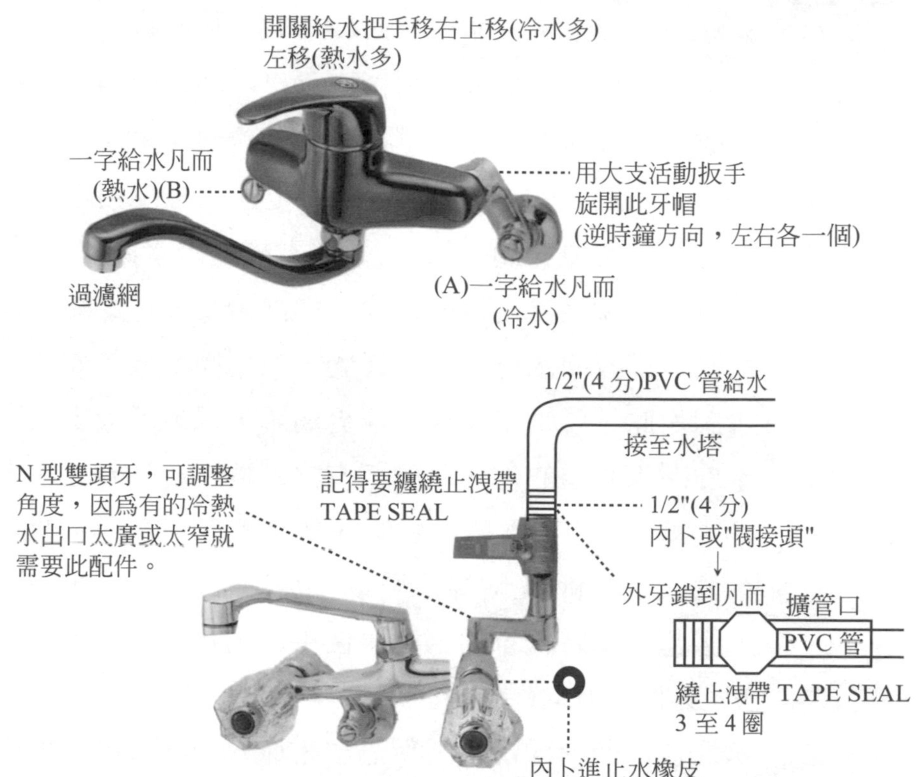
開關給水把手移右上移(冷水多)
左移(熱水多)
一字給水凡而
(熱水)(B)
用大支活動扳手
旋開此牙帽
(逆時鐘方向，左右各一個)
過濾網
(A)一字給水凡而
(冷水)
1/2"(4 分)PVC 管給水
接至水塔
N 型雙頭牙，可調整
角度，因爲有的冷熱
水出口太廣或太窄就
需要此配件。
記得要纏繞止洩帶
TAPE SEAL
1/2"(4 分)
內卜或"閥接頭"
外牙鎖到凡而
擴管口
PVC 管
繞止洩帶 TAPE SEAL
3 至 4 圈
內卜進止水橡皮

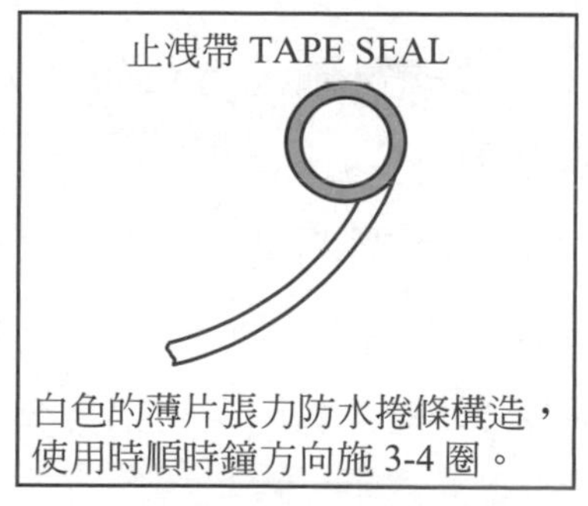
止洩帶 TAPE SEAL
白色的薄片張力防水捲條構造，
使用時順時鐘方向施 3-4 圈。

圖 2-38

(3) 浴缸縫的漏水，可使用SILICON(矽利康)有白色、黑色爲主，施工時要卡入膠槍再擠壓出矽利康均勻塗佈在洩縫處。一般的水族箱也是以此黏合玻璃。

(4) 各種水龍頭的漏水，大都是內部的止水橡皮損壞，修理之前，一定要先關掉給水凡而(不論是冷水或熱水)而首先之工作就是要先拆開水龍頭的外蓋及固定螺絲以及轉鈕蓋，再扳開水栓固定外牙套，並更換新橡皮即可。若不想如此，要整組換掉，那更簡單，只要用大支活動扳手旋開水龍頭的外牙反順鐘方向，再將新品外牙繞上止洩帶鎖入即可。至於一般的洗臉盆、洗水槽、浴缸(冷熱水龍頭要換新)先關掉冷熱水一字凡而(圖A點與B點)用一字起子順時鐘方向鎖緊，使用活動扳手卡在龍頭的牙帽"逆時鐘方向(左、右二具)"全旋開，即可取出舊冷熱水混合龍頭的橡皮。將新品放入原有的栓孔內，即完成更換手續。

14. 家庭要增加水龍頭，施工方法如下列(圖2-39所示)，部份使用銅件或鐵件。

(1) 先將(A點)給水閘門凡而關閉，再將原有的水管放置一鐵三通，在有外牙的部份(留左邊3公分，右邊3公分)合計6公分，是要用來鎖入"E點與C點"。鋸開"N"點的PVC管，使水滴乾。

(2) 三通的左邊外牙繞上止洩帶2～3圈，並將PVC管的有內牙外螺帽鎖入(E)點，而在右邊的PVC管使用烤管烤軟將管子插入(C點)長，大約3公分。

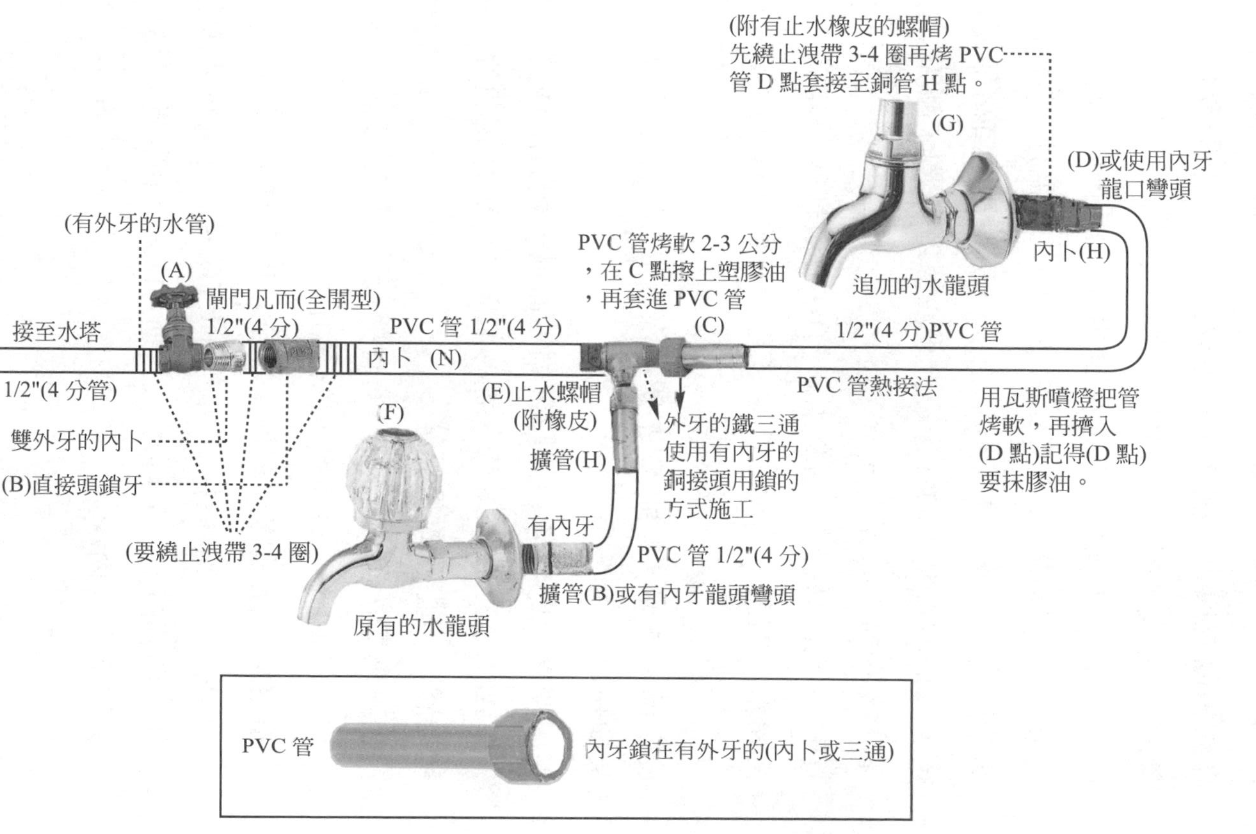
(附有止水橡皮的螺帽)
先繞止洩帶 3-4 圈再烤 PVC 管 D 點套接至銅管 H 點。
(G)
(D)或使用內牙龍口彎頭
內卜(H)
追加的水龍頭
(有外牙的水管)
(A)
閘門凡而(全開型)
1/2"(4 分)
接至水塔
1/2"(4 分管)
PVC 管 1/2"(4 分)
內卜 (N)
PVC 管烤軟 2-3 公分，在 C 點擦上塑膠油，再套進 PVC 管
(C)
1/2"(4 分)PVC 管
PVC 管熱接法
用瓦斯噴燈把管烤軟，再擠入(D 點)記得(D 點)要抹膠油。
(E)止水螺帽(附橡皮)
外牙的鐵三通使用有內牙的銅接頭用鎖的方式施工
擴管(H)
有內牙
PVC 管 1/2"(4 分)
擴管(B)或有內牙龍頭彎頭
(F)
原有的水龍頭
雙外牙的內卜
(B)直接頭鎖牙
(要繞止洩帶 3-4 圈)
PVC 管
內牙鎖在有外牙的(內卜或三通)

圖 2-39

⑶　把(E 點)有內牙的 PVC 管外螺帽鎖入三通中間點，記得在螺帽內有塊止水橡皮，一定要套進去，否則會漏水。

⑷　量取 B 點與 H 點，新增水龍頭的長度，並鋸斷，先烤 PVC 管管端(H 點)，然後在 H 點銅管擦上膠油並套入 3 公分，接著換烤 PVC 管的(B 點)也在(B 點)銅管擦上膠油趁熱套入 3 公分左右。等接頭 PVC 管擴口冷卻硬化後，再把增水龍頭的外牙繞上止洩帶 2～3 圈，轉入有內牙的接口內，即算完成。

⑸　打開 A 點(開始進水到給水管內)注意看增的所有接口有沒漏水，如有，重繞止洩帶或重新管並上膠油，直至不會漏爲止。

⑹　確定都不會漏，打開(F點)新增水龍頭，應該是可以正常的使用了。

⑺　每個接管、PVC管要用膠合劑，而鐵、銅製配件要用止帶(TAPE SEAL)防漏膏、棉紗線，甚至繞好止洩帶，再塗抹膠油，止漏效果更好。

15.　家庭內要增設一個水龍頭PVC管(不要烤管)冷接法。施工方法如圖 2-40 所示。先鎖掉給水凡而 D 點。

⑴　在預定增水龍頭處，鋸掉 4 公分的 PCV 膠管(圖 A 點)。

⑵　在(B 點)與(C 點)塗抹膠油，而 PVC 管三通管內也要抹膠油，接著輕扯起(B點)套入三通左內管，再拉起(C點)，套入三通右管內。

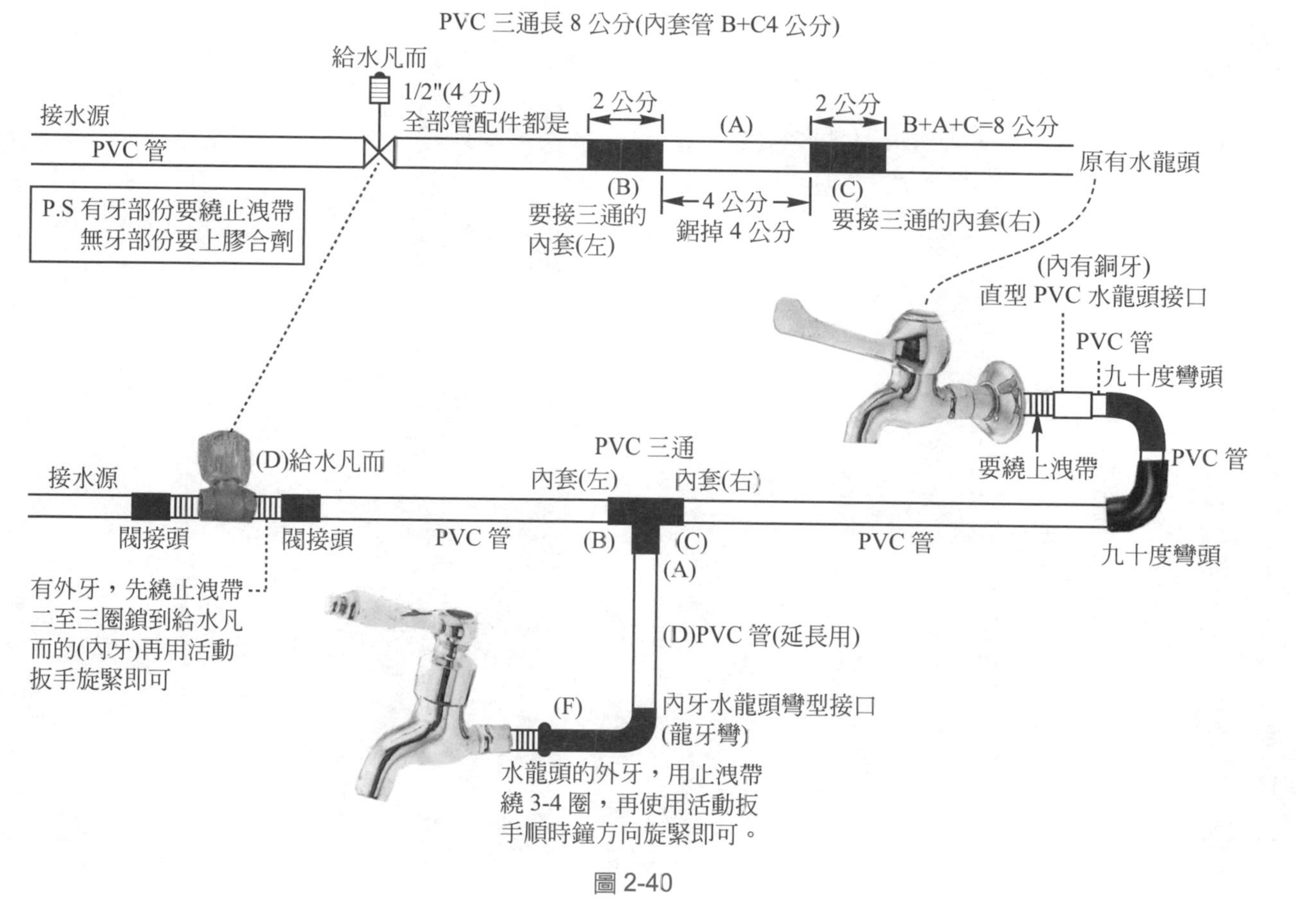
PVC 三通長 8 公分(內套管 B+C4 公分)
給水凡而
1/2"(4 分)
全部管配件都是
接水源
PVC 管
2 公分
(A)
2 公分
B+A+C=8 公分
原有水龍頭
(B)
要接三通的
內套(左)
4 公分
鋸掉 4 公分
(C)
要接三通的內套(右)
P.S 有牙部份要繞止洩帶
無牙部份要上膠合劑
(內有銅牙)
直型 PVC 水龍頭接口
PVC 管
九十度彎頭
要繞上洩帶
PVC 管
PVC 三通
(D)給水凡而
接水源
內套(左)
內套(右)
閥接頭
閥接頭
PVC 管
(B)
(C)
PVC 管
九十度彎頭
(A)
有外牙，先繞止洩帶
二至三圈鎖到給水凡
而的(內牙)再用活動
扳手旋緊即可
(D)PVC 管(延長用)
(F)
內牙水龍頭彎型接口
(龍牙彎)
水龍頭的外牙，用止洩帶
繞 3-4 圈，再使用活動扳
手順時鐘方向旋緊即可。

圖 2-40

⑶ 在要裝設水龍頭的地點，測量長度，接著在三通A點內管塗抹膠油及延長 PVC 管塗抹膠油，插入 PCV 管。在 PCV 管延尾端接入一個龍牙彎頭(當然也要上膠油)不要去扭動管件(從 1 到 3 項)否則會漏水。

⑷ 等大約二個鐘頭後，把新設水龍頭在F點接口處繞 2、3 圈止洩帶鎖上龍口牙彎頭，就可以準備打開給水凡而使用水了。

3

衛、浴、廚設備及水管的配件(給排水系統)

一、PVC 管(塑膠管)

品名		接合方式	說明
球型凡而（由令式）		螺絲口	用來做給水的開關，上為鎖牙式；下為鎖外框法蘭片螺絲用。
		法蘭口	
球型凡而（自強型）		螺絲口	用來做給水的開關，上為鎖牙；下為外鎖螺絲。
		法蘭口	
球型凡而（強力型）		螺絲口	用來做給水的開關，上鎖內牙式；下鎖外螺絲。
		法蘭口	
閘門凡而		螺絲口	閘門式水開關，逆時鐘方向水打開，順時鐘方向水關閉。可控制水量大小。
		法蘭口	

圖 3-1　PVC 凡而製品(閥或凡而都是水的開關)

品名		接合方式	說明
逆止凡而（球式）		螺絲口	做爲水管防止逆灌水用，一般接在抽水機送水口水管上，水不會倒灌。
		法蘭口	
福特凡而（球式）		螺絲口	用在抽水機的抽水管最末端(功能爲管內蓄水，以利抽水機能正常抽到水，不會空轉)。
		法蘭口	
法蘭片（ST）		PVC	管子之間用兩塊內套管之外框片(即法蘭片)使用螺絲鎖緊，可拆可修。內要裝防水橡皮叫迫緊。
		PP	
盲法蘭		PVC	不用的水管封掉水口，叫盲法蘭。
		PP	
浮球凡而			浮球給水開關，浮球掉下，水門打開，水流入水塔內，水滿把浮球浮起，水門關閉。一般家庭常用。
由令	3"103 123		同口徑的水管套入兩端之進水口後，外面有螺牙使用外牙圈鎖緊，可拆可裝很方便。

圖 3-1　PVC 凡而製品(閥或凡而都是水的開關)(續)

水箱

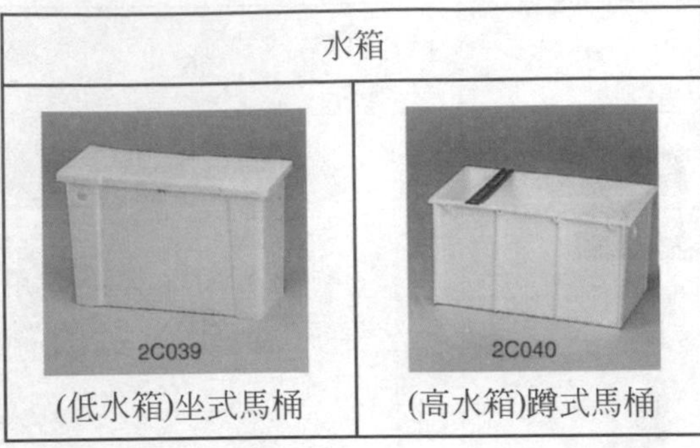

(低水箱)坐式馬桶	(高水箱)蹲式馬桶

馬桶蓋(坐式)

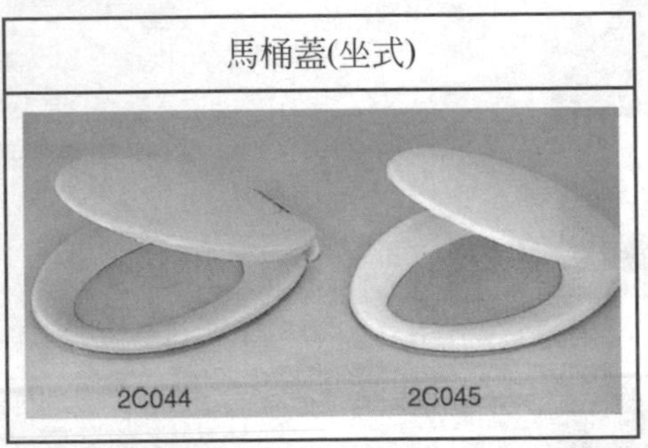

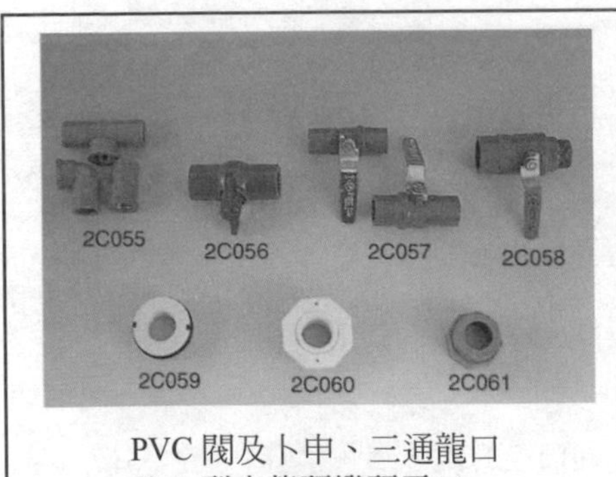

PVC 閥及卜申、三通龍口
及 L 型水龍頭彎頭牙口

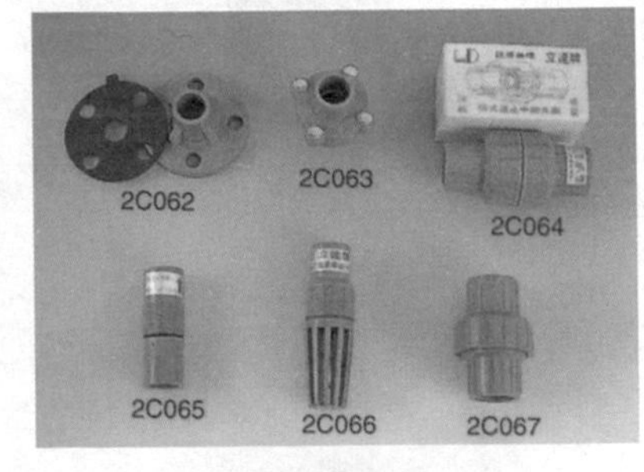

福特凡而由令
(貯水用)

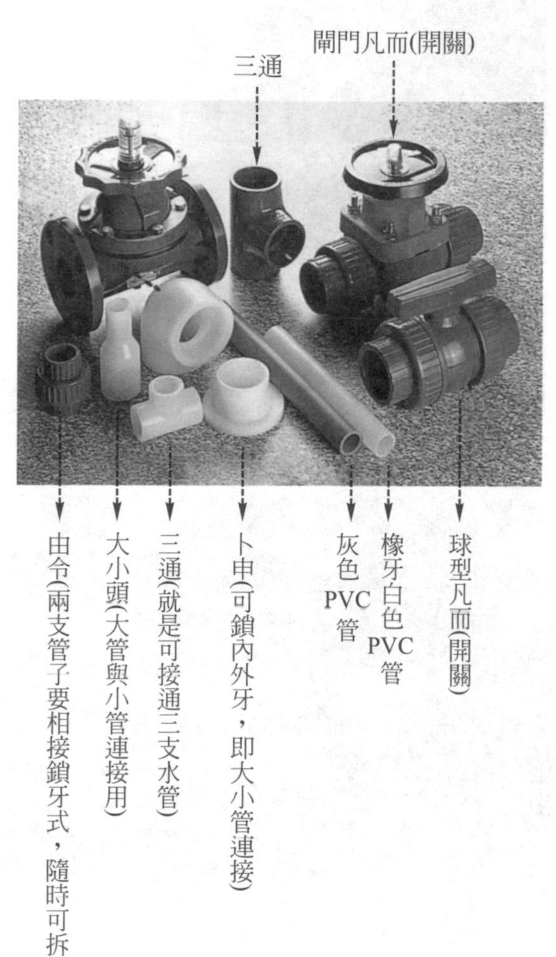
閘門凡而(開關)
三通
由令(兩支管子要相接鎖牙式，隨時可拆開)
大小頭(大管與小管連接用)
三通(就是可接通三支水管)
卜申(可鎖內外牙，即大小管連接)
灰色PVC管
橡牙白色PVC管
球型凡而(開關)

給水彎頭九十度

三通
管塞(封在水管出口)
直管接頭(一樣大的水管連接用)
四十五度釚頭
由令
閥接頭(要做水閥就要用此接頭)
大小頭

圖 3-2

圖 3-2　(續)

二、鐵、銅、鑄鐵、不銹鋼水管配件、水龍頭系統

1. 閥件類

圖 3-3

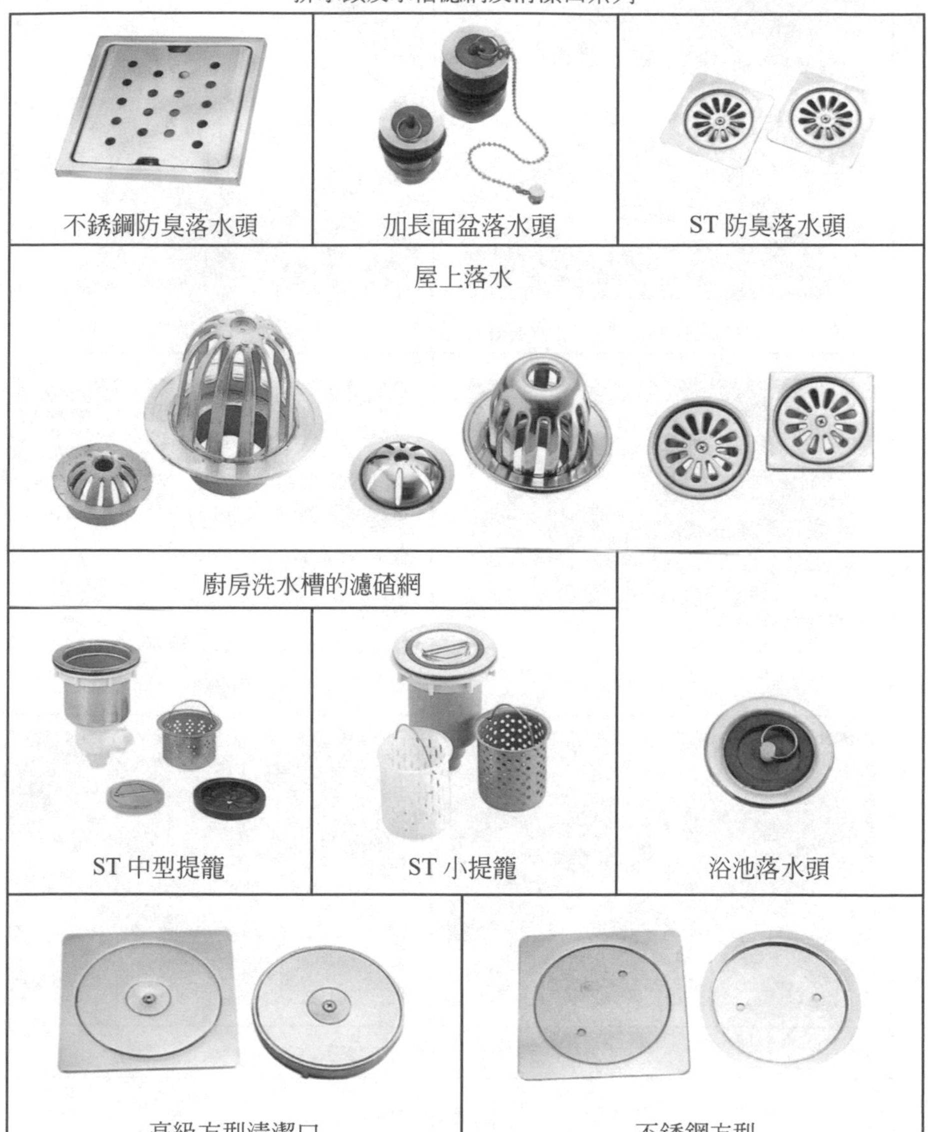
排水頭及水槽濾網及清潔口系列
不銹鋼防臭落水頭
加長面盆落水頭
ST 防臭落水頭
屋上落水
廚房洗水槽的濾碴網
ST 中型提籠
ST 小提籠
浴池落水頭
高級方型清潔口
不銹鋼方型

圖 3-3 (續)

<table>
<tr><td>
面盆、水槽落水頭、地面排水孔器</td><td>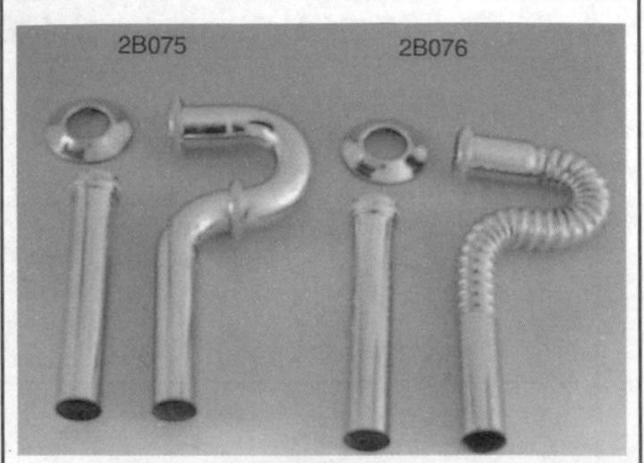
面盆排水管</td></tr>
<tr><td>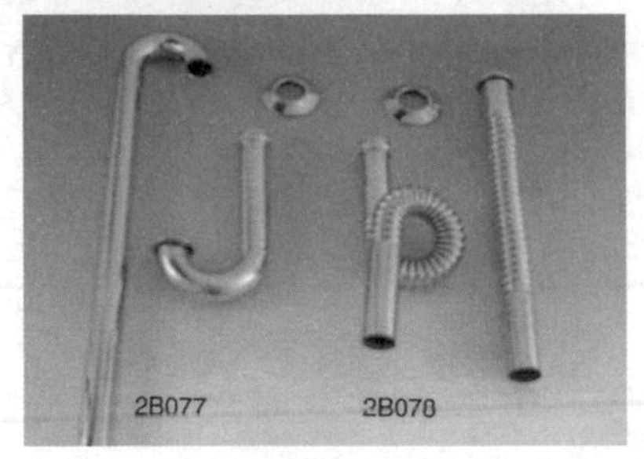
面盆排水管</td><td>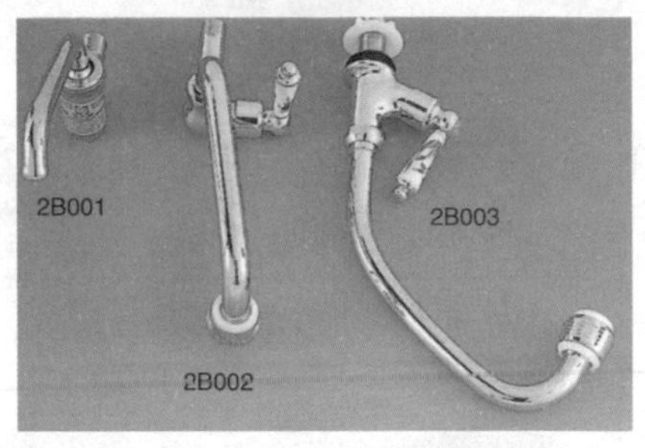
自由栓(長型水龍頭)</td></tr>
<tr><td>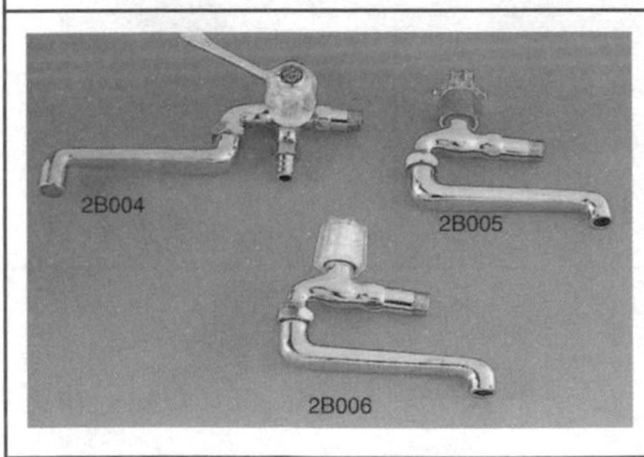</td><td>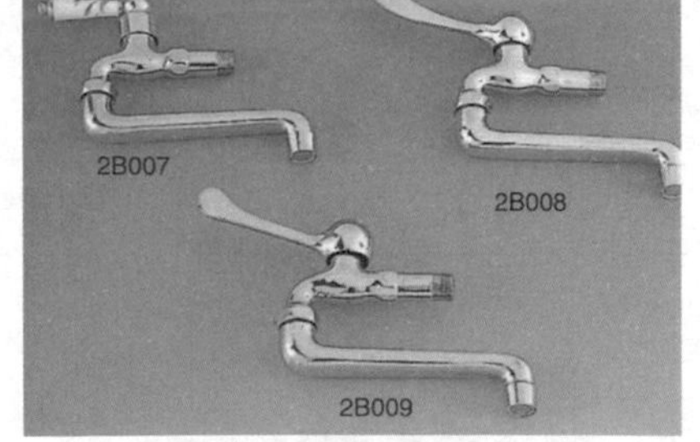</td></tr>
<tr><td colspan="2">自由栓(長型水龍頭)</td></tr>
</table>

圖 3-3 (續)

2. 鐵件類配件：以下配件都是要鎖管牙的，也就是說，不管是配鐵管或不銹鋼管，都是鉸牙(即車牙的)。

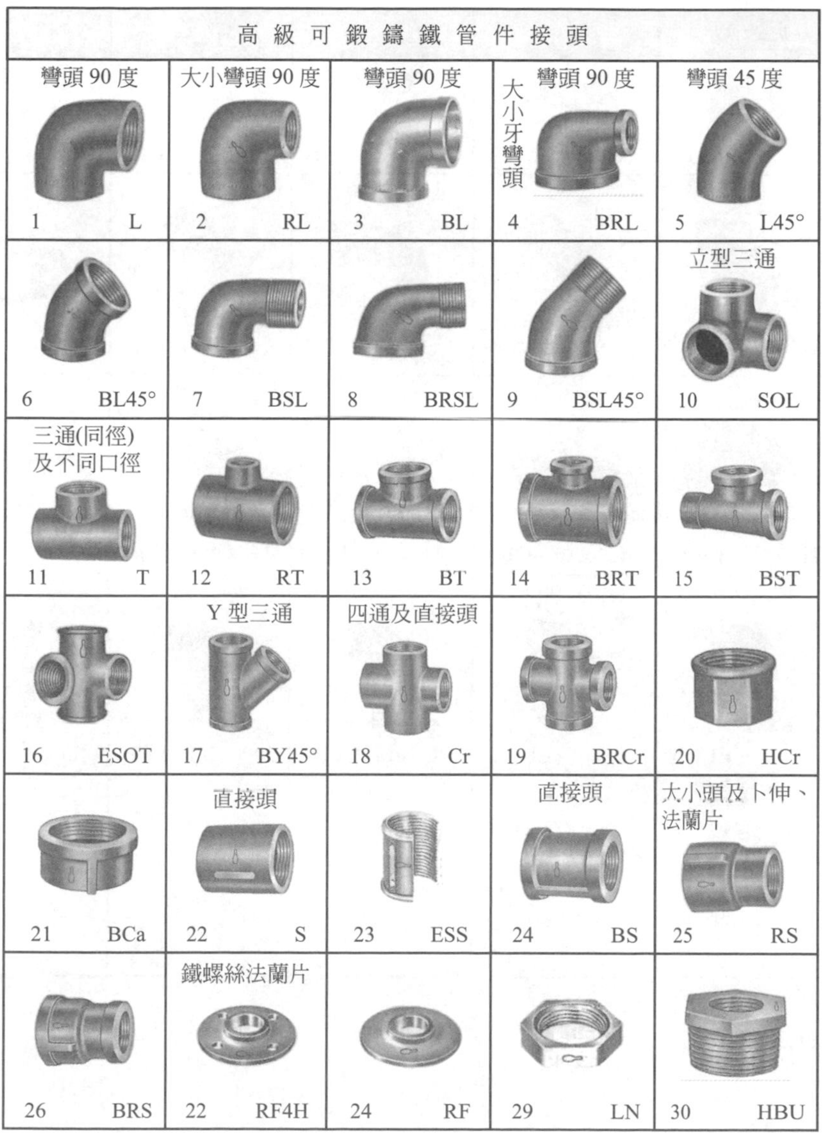

高 級 可 鍛 鑄 鐵 管 件 接 頭				
彎頭 90 度 1 L	大小彎頭 90 度 2 RL	彎頭 90 度 3 BL	大小牙彎頭 彎頭 90 度 4 BRL	彎頭 45 度 5 L45°
6 BL45°	7 BSL	8 BRSL	9 BSL45°	立型三通 10 SOL
三通(同徑)及不同口徑 11 T	12 RT	13 BT	14 BRT	15 BST
16 ESOT	Y 型三通 17 BY45°	四通及直接頭 18 Cr	19 BRCr	20 HCr
21 BCa	直接頭 22 S	23 ESS	直接頭 24 BS	太小頭及卜伸、法蘭片 25 RS
26 BRS	鐵螺絲法蘭片 22 RF4H	24 RF	29 LN	30 HBU

圖 3-4

高級可鍛鑄鐵管件接頭				
牙塞(塞水口)  31 P	卜申  32 HN	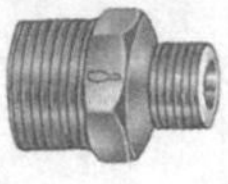 33 RHN	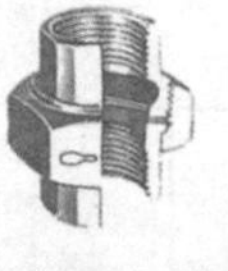 34 UF	 35 CU
 36 MFBe	 37 MFBe45°	大彎頭 90 度  38 Be	 39 Be45°	 40 EX
 41 MBe	 42 OF	 43 ECO	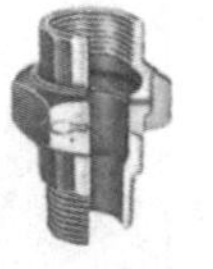 44 MFUF	由令 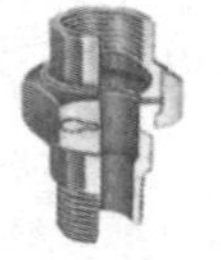 45 MFCU
彎頭 90 度  46 ELUF	彎頭 90 度 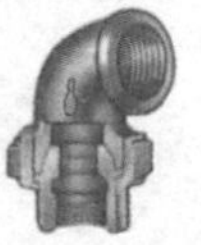 47 ELCU	彎頭 90 度  48 MFELUF	彎頭 90 度  49 MFELCU	直接頭  50 LCC
直接頭  51 SCC				

圖 3-4 (續)

3. 銅製管件

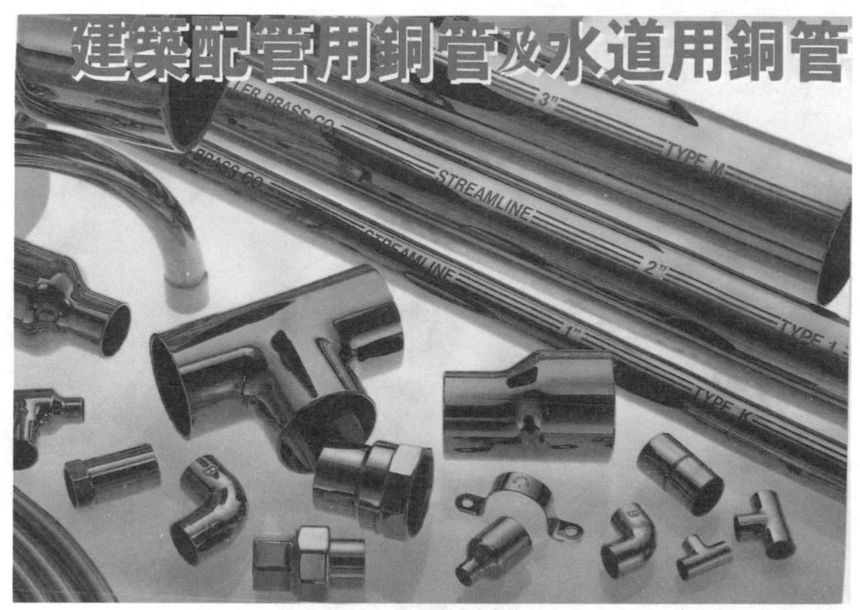

圖 3-5

4. 不銹鋼管件

5. 蝶型閥

6. 各型閥及管配件

7. 快速接管頭(不需焊接、絞牙、烤管)

採用美國 Victaulic 溝槽式機械接頭系統，您需要的只是簡單的工具，然後只要上兩顆螺絲，一切就搞定了。

(1) 不需要焊接。

(2) 不會有工地火災風險。

⑶　不需要車牙。

⑷　不需要法蘭片。

⑸　不會漏水。

用來接鋼管、不銹鋼管、塑膠管與銅管。

水龍頭系統

2B023 2B024 2B025

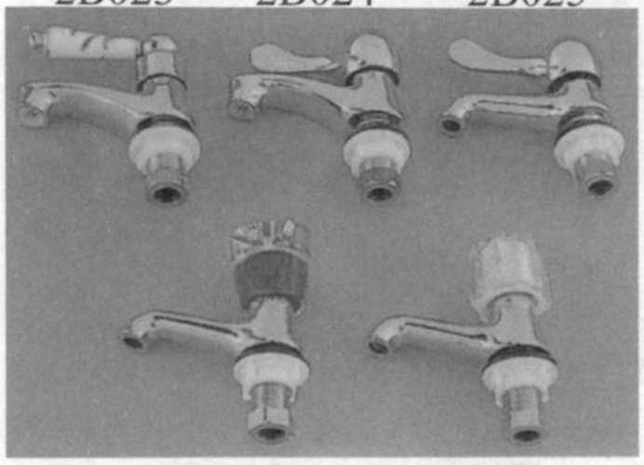

2B026 2B027

面盆龍頭

2B028 2B029 2B030

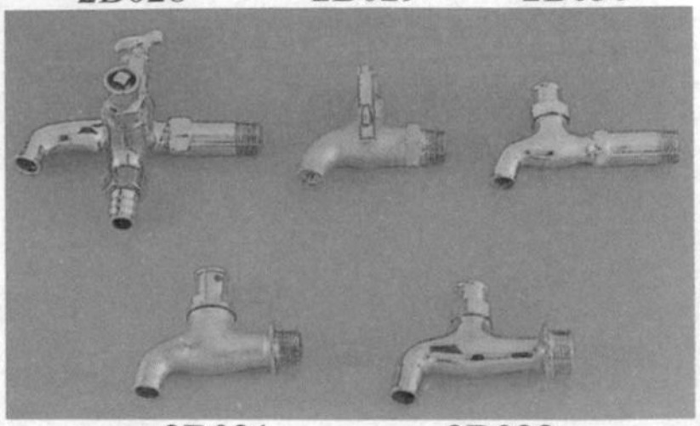

2B031 2B032

附鎖水龍頭

2B033 2B034 2B035

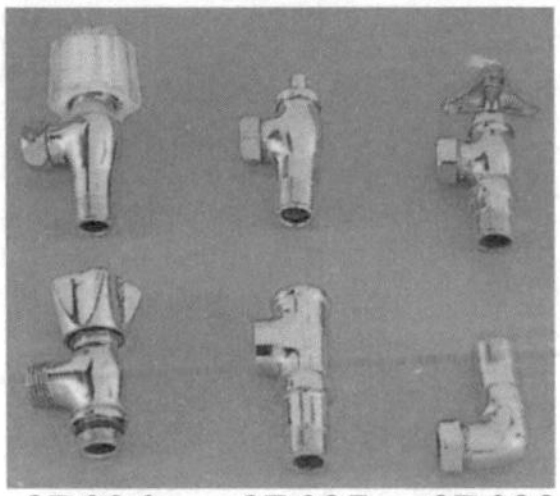

2B036 2B037 2B038

各型 面盆給水凡而
熱水器給水凡而

2B010 2B011 2B012

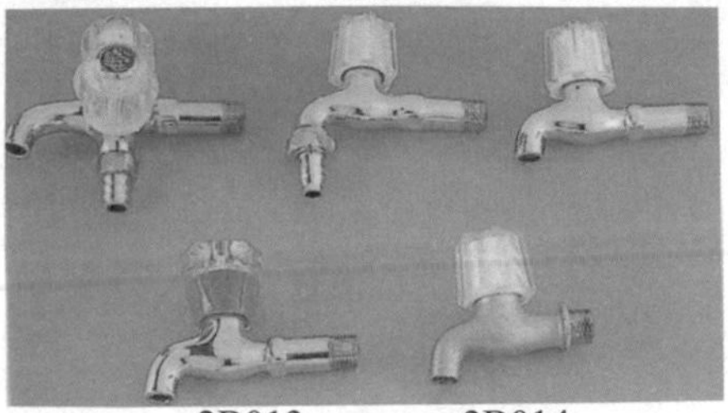

2B013 2B014

扭式水龍頭

2B015 2B016

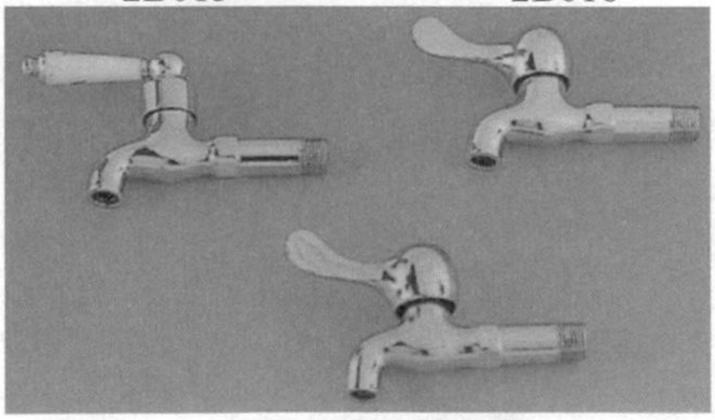

2B017

2B018 2B019 2B020

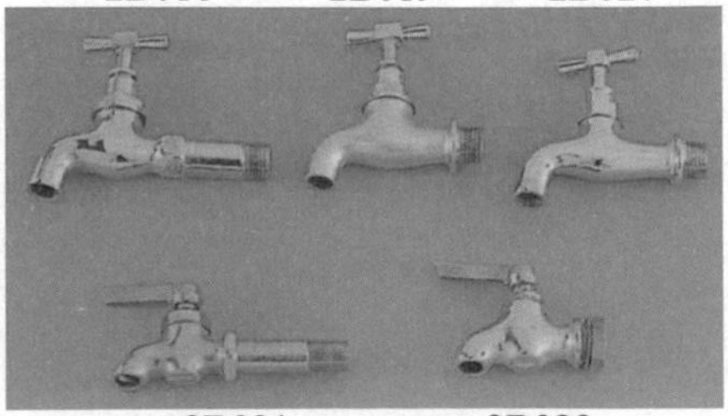

2B021 2B022

柄式水龍頭

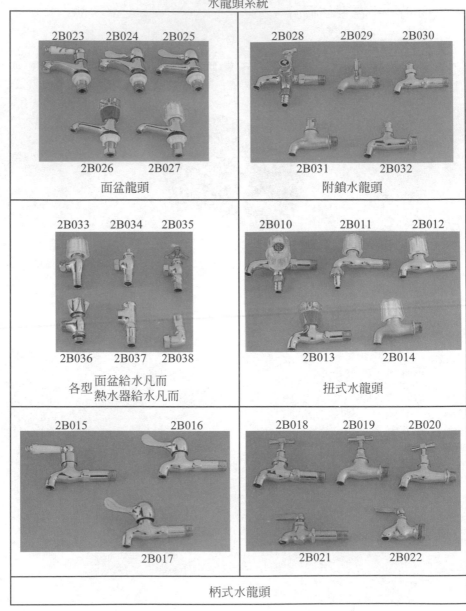

三、主抽水設備及廚、浴設備

1. 抽水機(抽水至水塔)

2. (自動給水加壓泵浦)不裝水塔，直接在水管內加高水壓

不銹鋼自動給水加壓泵浦

3. 水的壓力錶

4. 家庭用省電安全電熱水器

省電熱水器

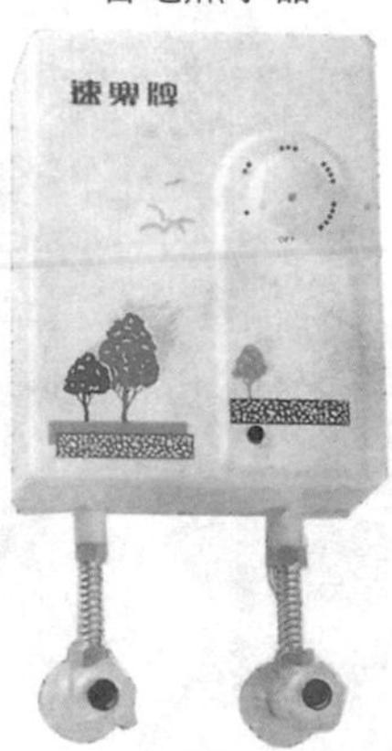

5. 家庭廚房用流理台

自熱式流理台

組合式流理台

四、特殊 PEX 接管簡介及水管止漏劑

PEX(高密度交鏈聚乙烯)免烤管，免車管(速成冷熱水管配管介紹)

1. 特點

(1) 免用烤管或使用(鋼、鐵、不銹鋼管)要車牙、絞牙甚至焊接之麻煩。

(2) 耐水壓可高至(10kg/cm^2) 10 磅以上，爲期 50 年以上。

(3) 口徑 16mm 大約(3 分管)不長水垢、不腐蝕、無毒性。

(4) 施工簡易，非專業人員亦可輕鬆的親自 DIY。

水管管牙接合止漏劑

一般給水管路牙膠～
灰色 FII-V、紅色 FII-V(R)

<table>
<tr><th>冷熱水配管系統</th><th>特　　點</th></tr>
<tr><td></td><td rowspan="2">
• 由不腐蝕之高密度交鏈聚乙烯(PEX)製成。
• 常溫時耐壓爲 40kg/cm²，在熱水 95°C 時，耐壓可達 10kg/cm²，使用年限 50 年以上。
• 管壁平滑無阻，撓性材質可消除水錘現象，常年使用不產生任何水垢。
• 暗管不受熱脹冷縮之影響，接頭永不漏水，並不受混凝土化學成份腐蝕。
• 搬運輕便不佔空間，16mm 口徑之威寶易配管(10m)，管重僅 13.5 公斤。
• 施工簡易、無需任何彎管機，攻牙機，油壓機或焊接設備，即可施工，工時約一般金屬管的 1/5。
• 管件齊全與任何管路皆可銜接。
• 安裝時，僅需一組擴管工具，不需訓練，人人均可操作。
</td></tr>
<tr><td>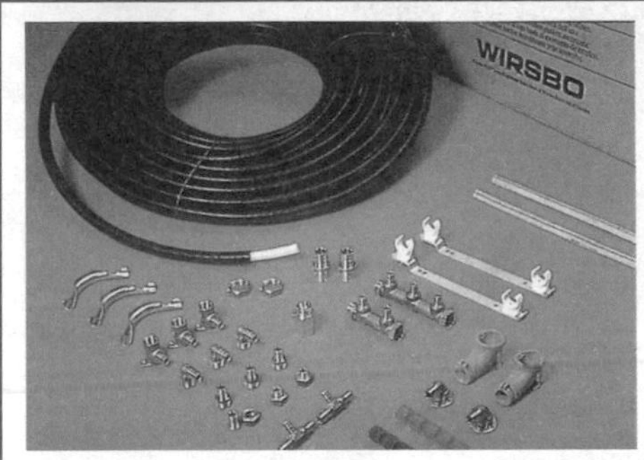</td></tr>
</table>

接頭之安裝－安裝簡易、省時省力、絕不失敗

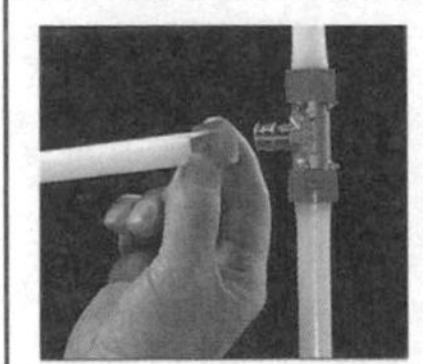		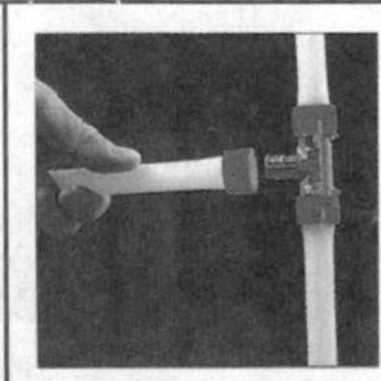	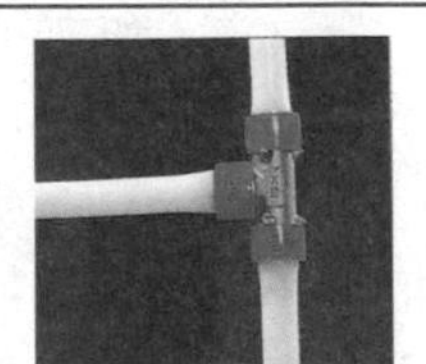
套上外環	用擴管工具將管擴張	插入接頭	幾秒鐘後，管子自動收縮緊密的束緊於接頭上

工具介紹

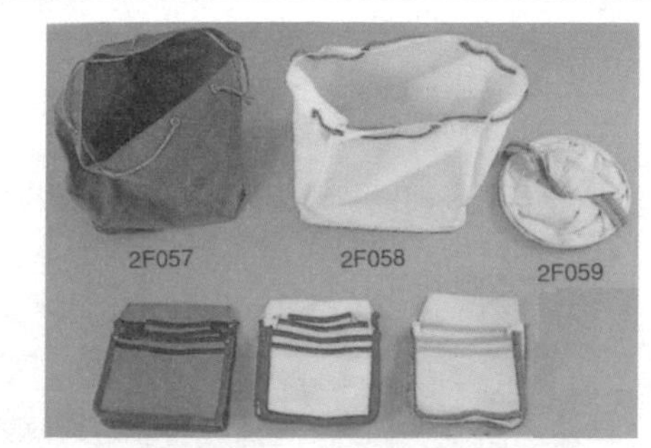

工作布袋(可套在工具皮帶)放小物品

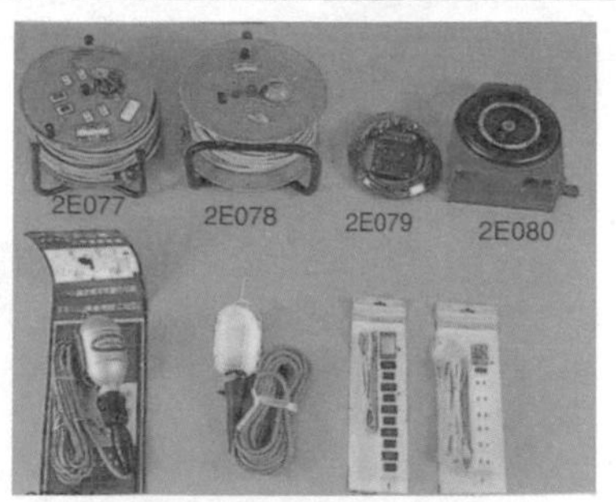

工作燈、延長線及電纜輪座

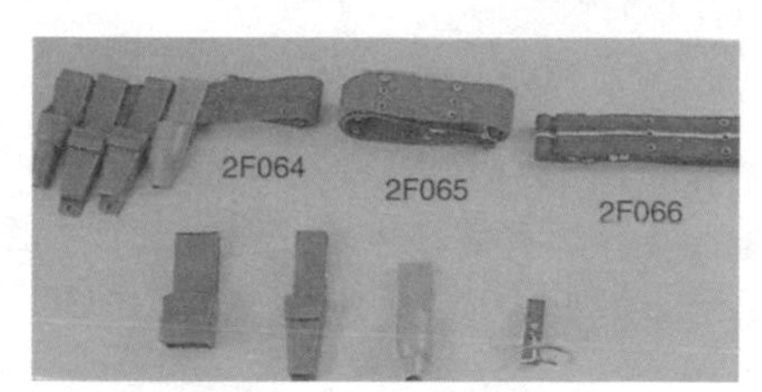

工具皮帶

布尺

剪 PVC 管鉗

3 磅鐵鎚

壓接鉗
(有的電線要壓接接線端子，
避免電線接觸不良或壓傷。)

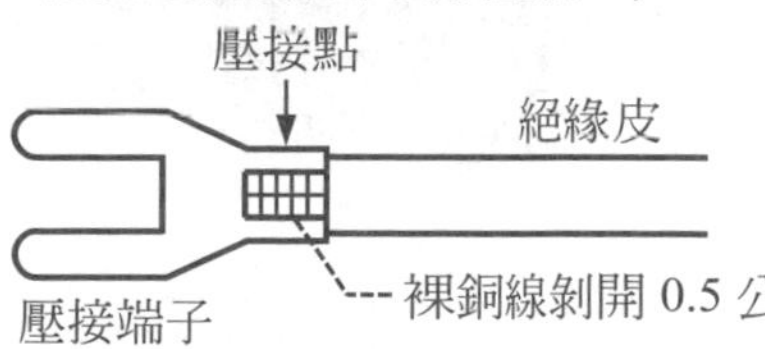

五、基本水電維修工具介紹

項次	外　　形	功　　能
1		電工鉗，用來剪電線、拔釘子或用來鉗夾工作物，接線用，並可用來剝電線用。 尺寸：8 英吋 INCH
2		尖嘴鉗，用來彎線頭、剪線、剝線及比較細小的器具，而拆修理故障的電器設備，比較狹窄的空間都用得到它。 尺寸：6 英呎
3		斜口鉗，用來剝線或是鎖好的開關、插座、保險線、多出之餘線，皆要使用斜口才能剪除。另一功能可用來剝電纜線(三層皮以上)。 尺寸：6 英吋
4		＋字起子 －字起子 } 用來鎖緊用電器具、線路設備的固定(＋)字或(－)字，木螺絲或鐵皮螺絲用。相對的也可以鬆掉所有螺絲。 木 螺 絲：可鎖木板料 鐵皮螺絲：可鎖鐵板、鐵盒 最好(＋)與(－) 6 英吋各 1 支、4 英吋各 1 支；2 英吋各 1 支
5		驗電起子(300V)伏特(電壓以上)用手握起子塑膠柄，左手、右手都可以，起子的(－)字頭，去接觸電線或插座，若起子內的氖燈會亮表示有電壓(火線)，不亮則是地線，或火線的二次側被關掉的控制線。

圖 3-6　基本水電維修工具介紹

項次	外　　形	功　　　　　能
6		用來剝電線、電纜線用。(美工刀型)4 英吋左右。
7	2F047	捲尺(5 米或 7.5 米) 1 米＝ 1M ＝ 3.3 尺 用來量器設備尺寸，配線、配管長度用。
8		用來量測線路的負載電流，即耗電電流。 AC 電壓範圍：600 VOLTAGE AC 電流範圍：200　AMP AC 功率範圍：20/200　kW 數字式交流電電壓、電流錶
9		可來測定判斷、線路有沒有 ACV(交流電壓)、DCV(直流電壓)，以及設備有多少電阻。再根據數值來修理家庭電氣設備及用品。
10		小木鑽、小尖鑽、木螺絲要鎖木板前，先用小木鑽，插入木板轉一轉有了小孔再鎖木螺絲就容易多了。因爲有的木板太硬、太厚。
11		小鐵鎚用來敲固定電線的線夾用，或釘水管管夾用以及打塑膠塞用，因爲有的開關、插座或燈具是裝明的(即露出型)用鋼釘釘在混凝土牆壁，很難釘得進，但是如果用電鑽鑽一個洞，打入塑膠塞，改鎖螺絲就很容易。

圖 3-6　基本水電維修工具介紹(續)

項次	外　　　　形	功　　　　能
12		鯉魚鉗，用夾鉗夾物件，以及一些給水栓或水龍頭設備帽塞緊牙用。
13	2H059	驗電筆(300V)以下，與驗電起子同樣功能，其設計成筆狀，可隨身攜帶。
14	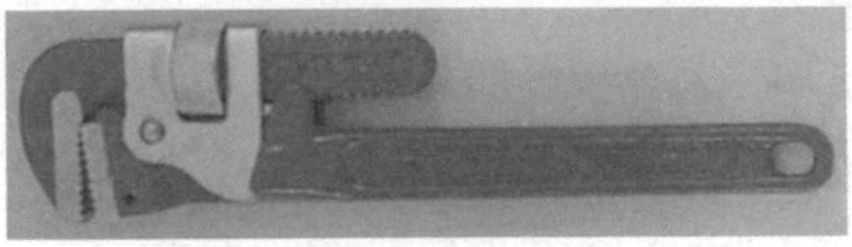	管子鉗(8 英吋)用來拆或裝水管用(PVC或鐵管)及給排水各項配件附屬設備。
15		鴨嘴鉗(功能與鯉魚鉗大致相同)，但在比較死角難施工的地方，像要鎖面盆水龍頭與給水三角凡而的給水管止水栓牙帽，就非得靠此工具，會方便快速很多。
16	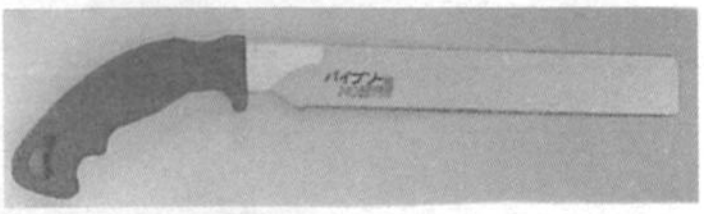	鋸子可鋸木板，可鋸 PVC 塑膠管(尤其是 3 英吋以上口徑的)更方便。
17	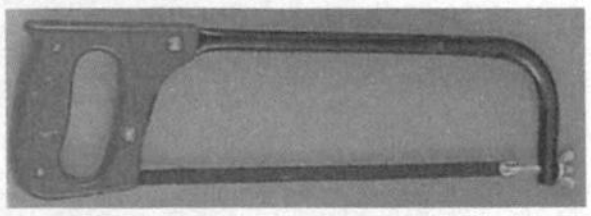	手方鋸，附鋸片，可鋸鐵管、PVC 管、銅管、木材。
18	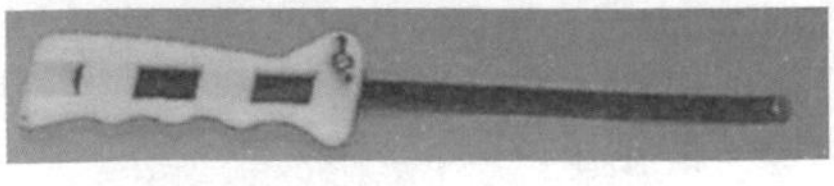	簡易式鋸柄組可鋸 PVC 管、木材。

圖 3-6　基本水電維修工具介紹(續)

項次	外　　形	功　　能
19		活動扳手，可拆或緊各項螺絲或水龍頭元件。
20		梅花扳手，拆卸螺絲用，3-5、7-9、11-13、15-17、19-21，5支。
21		PVC管膠合劑(PVC管要連接使用此劑)即可不漏水。 ※注意：若手沾到很難清除。 有大瓶(1公斤裝)小瓶(0.2公升)自己要取一根鐵線，再剪一些拖把的棉條綁成如圖狀，到時打開膠合劑的蓋，使用小棉條沾膠上到要接管子上。
22	A　B　C	A：(鐵皮螺絲)長中短要準備一些。 B：(木螺絲)長中短要準備一些。 C：(鋼釘)長中短要準備一些。
23		電工膠帶，包紮電線(絕緣用)要準備2～3小捲。
24	2F063	棉製工作手套3～5雙 工作防護用，以防施工不慎碰傷。

圖 3-6　基本水電維修工具介紹(續)

項次	外　　　形	功　　　能
25	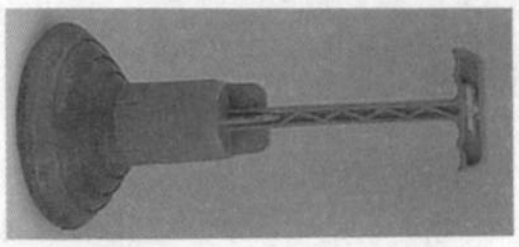	塑膠吸盤，用來吸拔(馬桶、水槽或地板排水管不通)的最簡單工具。
26	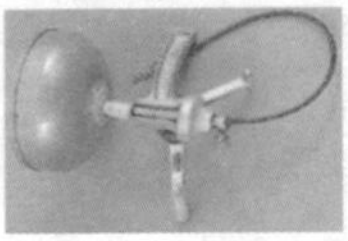 	彈簧條，用來通所有的排水管阻塞用，通的時候，左手要握彈簧盤的柄把，右手將彈簧頭往排水管內塞進，右手一邊旋轉(順時鐘方向)一邊把彈簧條再拉長往下，直到排水管疏通或拉出雜物爲止。
27	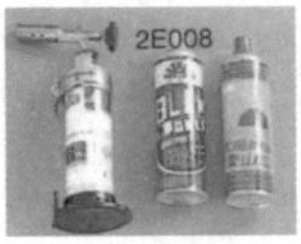 2E008	瓦斯噴燈，有水管要引接或烤彎曲，都要使用這個工具來完成。用火烤接管稱爲(熱接)膠水較快乾，不用火烤稱爲(冷接)膠水較慢乾。
28	TB-203(3 Trays) TB-202(2 Trays) TB-402(2 Trays) 	(各型尺寸工具盒塑膠製) 可置放工具及材料用，要修理，提著就走，不會欠東欠西。
29	 2E085 2E086 2E087 2E088	鋁梯(大約 6 尺高就夠了)用來修理比較高的水、電設備用。

圖 3-6　基本水電維修工具介紹(續)

項次	外　　　　　　形	功　　　　　能
30		A、B膠家內給水、排水管漏水，止漏用。使用方法有(說明書)。
31		挖孔器，家庭若要在天花板面裝(崁燈、投光燈)要用此工具，才能輕易的挖出一個很標準完美的孔。
32	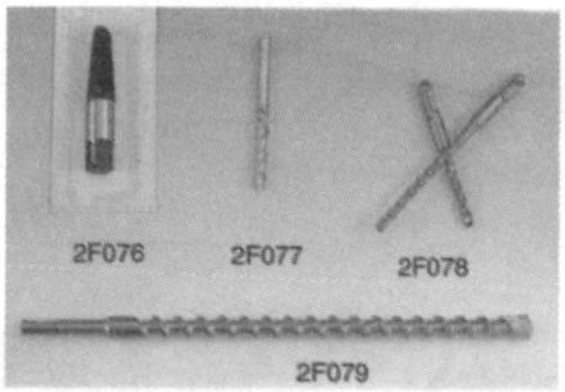	水泥鑽尾，所有水電設備如果用鋼釘，釘不進去。可先用電鑽鑽孔，再打入塑膠塞，即可用木螺絲或鐵皮螺絲固定，輕鬆的使用螺絲起子鎖入。
33	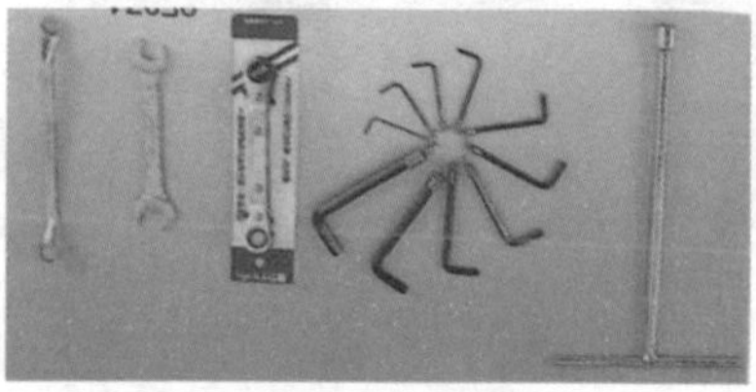	梅花扳手，固定扳手、六角扳手、長支套筒扳、活動海花扳手，全用來拆裝水電器具及設備。
34	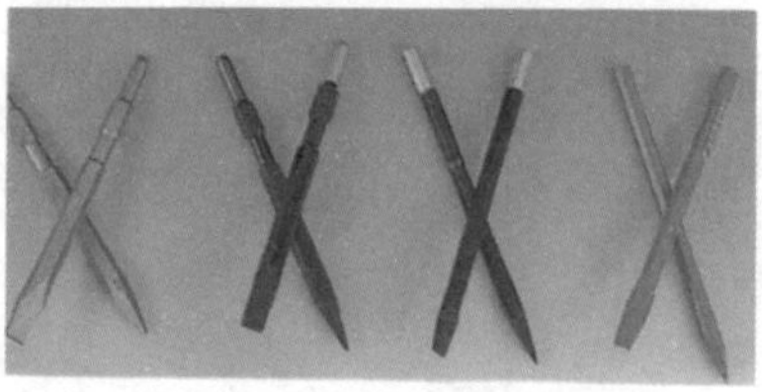	平鑿及尖鑿，用來敲管路及拆除器具、螺母用。

圖 3-6　基本水電維修工具介紹(續)

<table>
<tr><td>項次</td><td>管子鉗 
(用姆指向右撥鉗口，口打開，向左撥關小。)</td><td>活動扳子 
(用姆指向右撥扳手的口打開，向左撥關小。)</td><td>鋸子 </td><td>小鐵鎚 </td></tr>
<tr><td rowspan="3">35</td><td>矽利康 SILICONE
(防水) </td><td>矽利康槍 </td><td>PVC 管膠合劑 
PVC 管
膠合劑
1 公升</td><td>鴨嘴鉗 </td></tr>
<tr><td>瓦斯噴燈 </td><td>十字起子
一字起子 </td><td>斜口鉗 </td><td>A、B 膠
(防水用) </td></tr>
<tr><td>尖嘴鉗 </td><td>電工鉗 </td><td></td><td></td></tr>
</table>

圖 3-6　基本水電維修工具介紹(續)

六、整套型衛浴設備

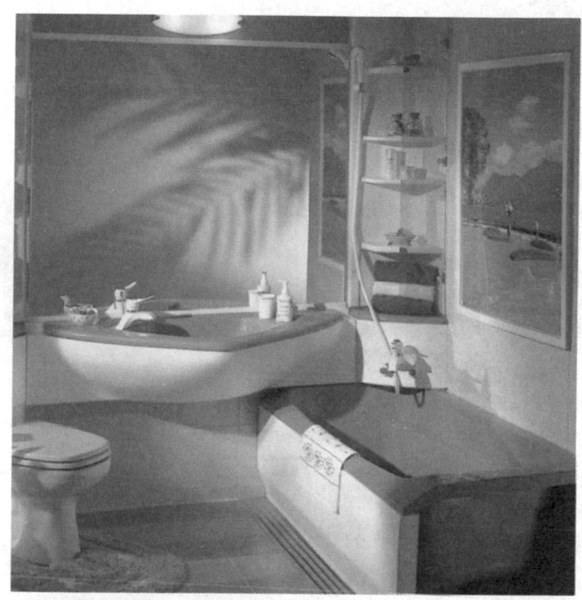

圖 3-7

 七、一般家庭常用的衛浴設備

1. 洗臉盆

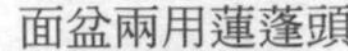

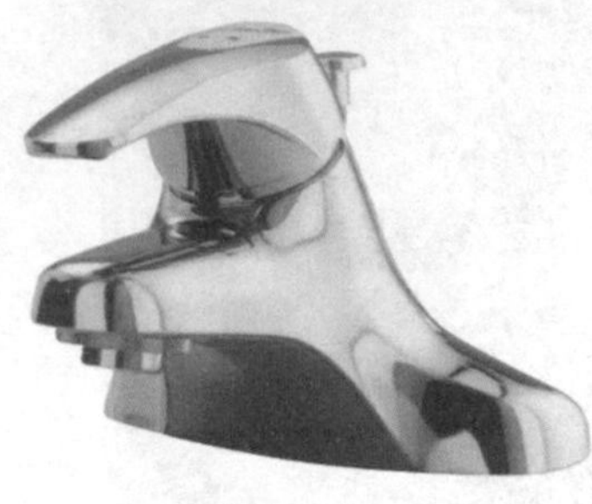

壁掛遮護型

落地型

落地型

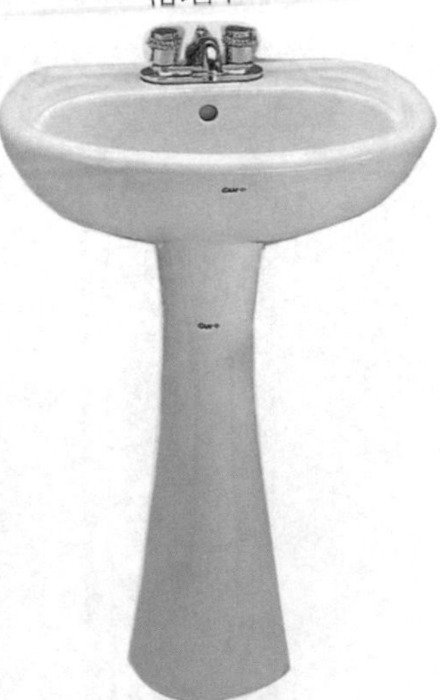

圖 3-8

2. 坐式馬桶

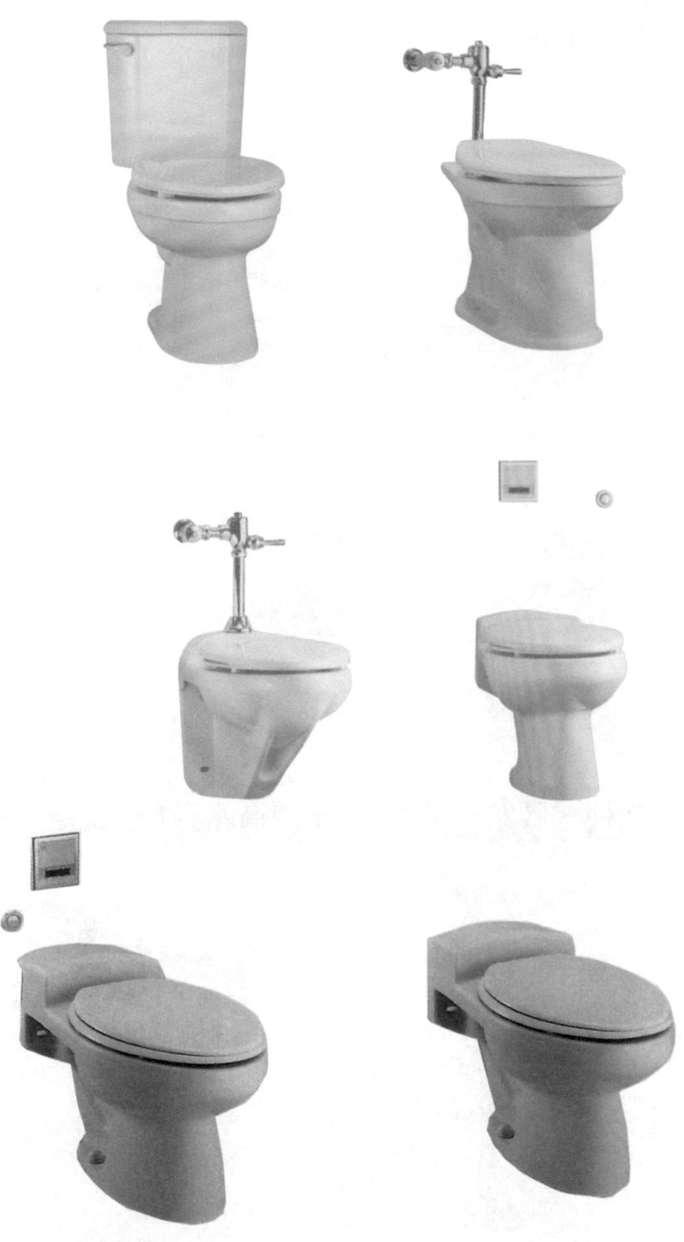

3. 蹲式馬桶：有兩種

⑴ 傳統手拉式高水箱型。

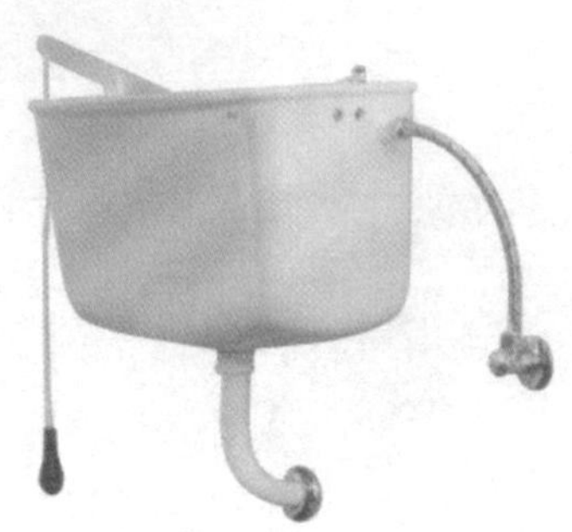

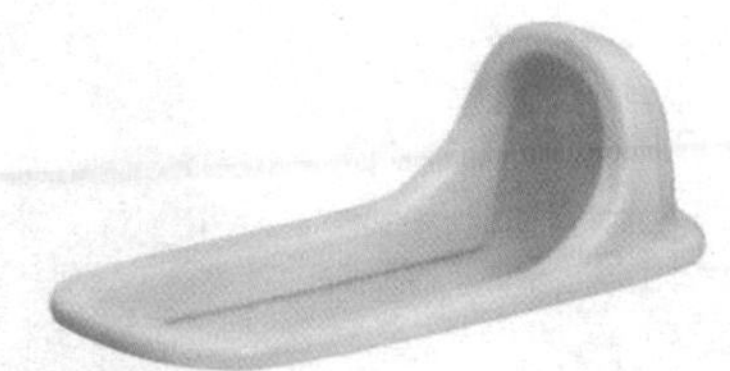

⑵ 手押、腳踏式油壓型(不要高水箱)。

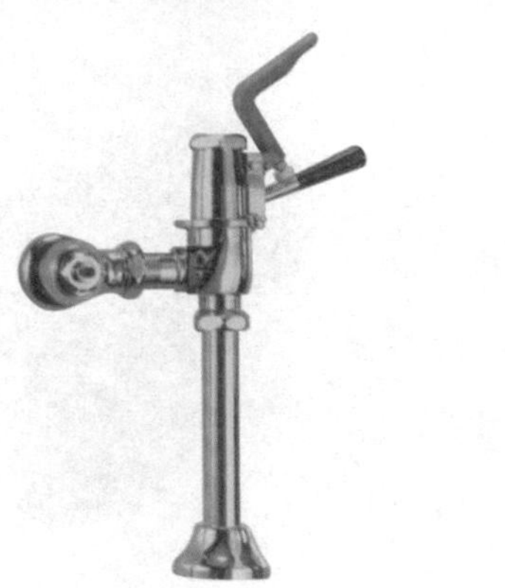

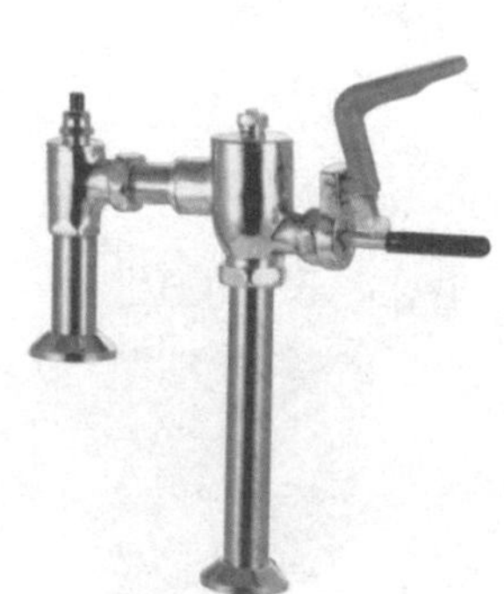

4. 小便斗：有壁掛手動式、壁掛紅外線自動沖水式以及落地型(三種為主)，如圖 3-9 所示。

手動式小便斗(壁掛式)

紅外線自動感應式小便斗(壁掛式)

紅外線自動感應式小便斗(立式)

紅外線自動感應式(嵌牆式)

紅外線自動感應式(掛牆式)

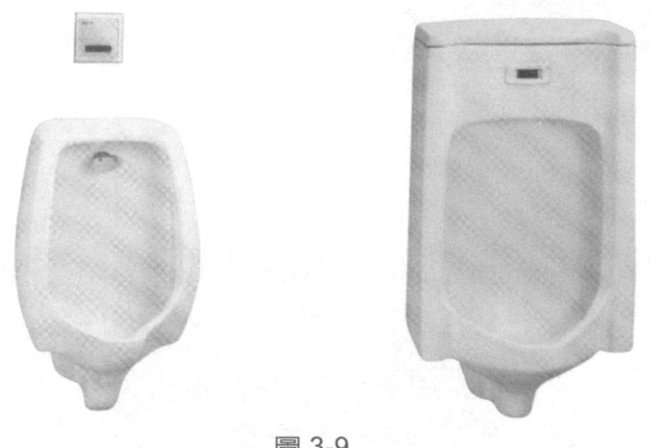

圖 3-9

八、浴盆系列

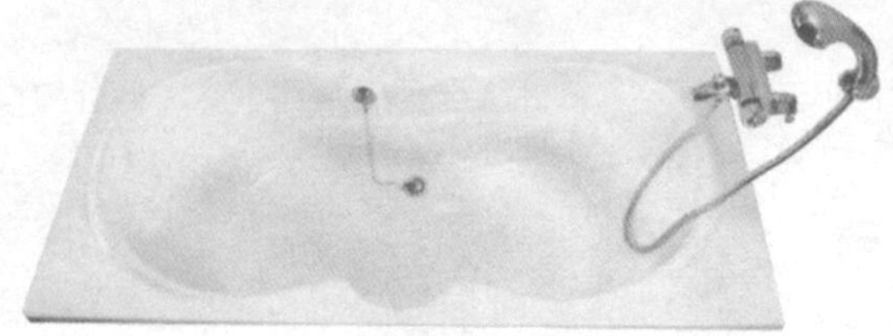

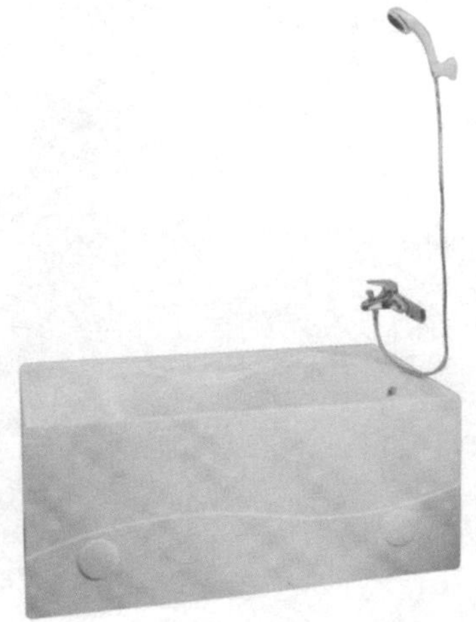

圖 3-10

九、水龍頭系列

精密陶瓷臉盆沐浴混合龍頭

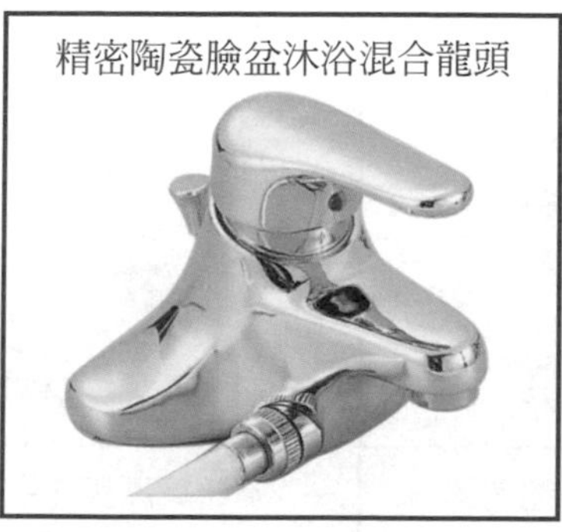

臉盆沐浴兩用混合龍頭

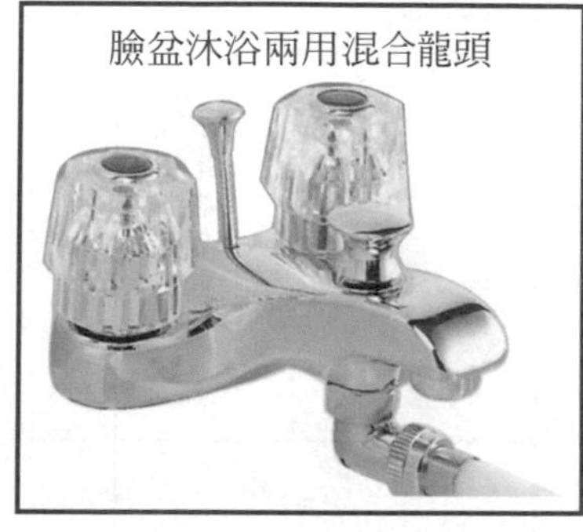

精密陶瓷混合龍頭

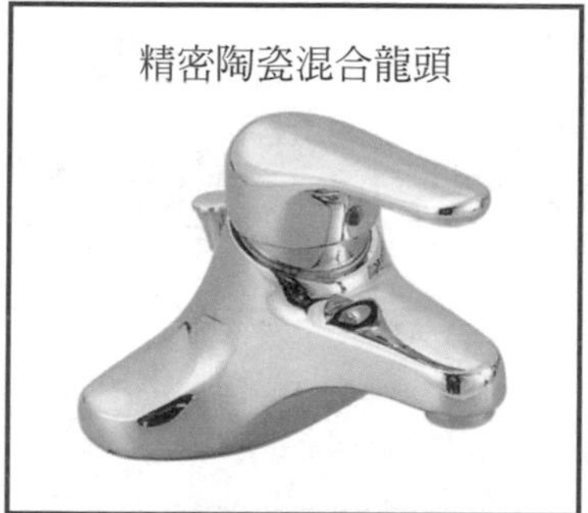

精密陶瓷混合龍頭

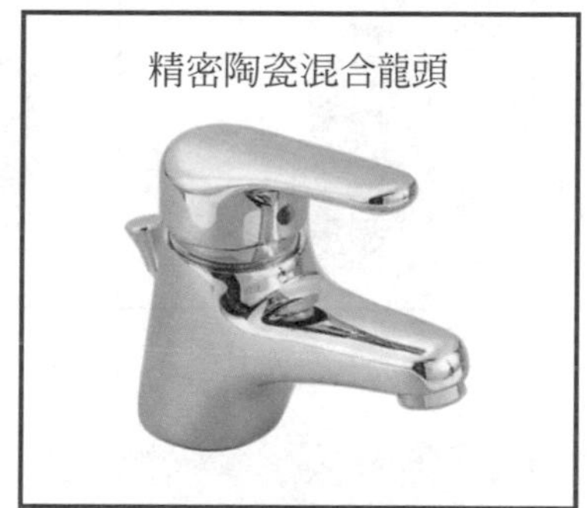

陶瓷廚房混合龍頭

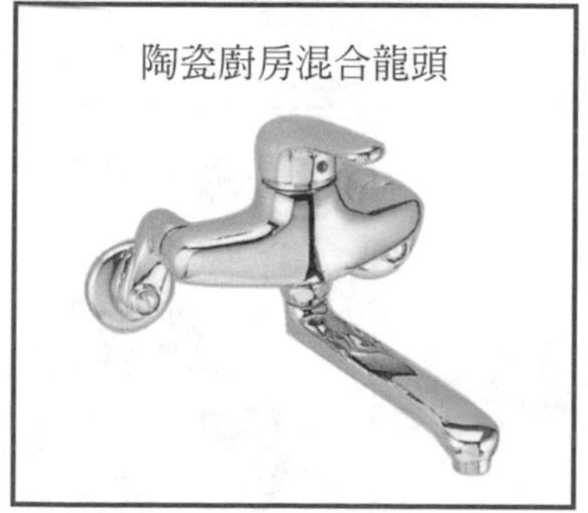

臉盆龍頭

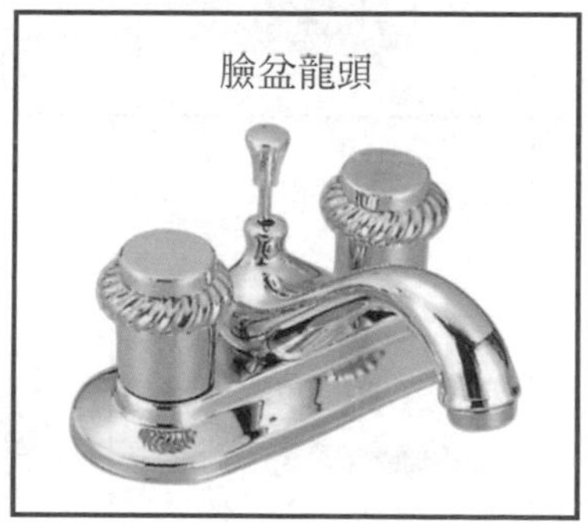

圖 3-11

 十、衛浴小配件

<table>
<tr><td>浴室用 L 型扶手 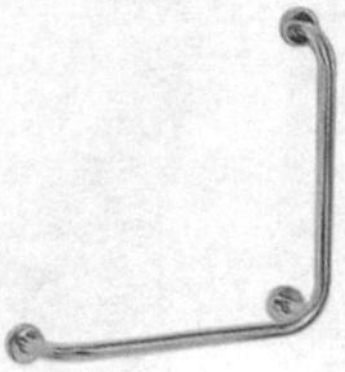</td><td>指壓沖水凡而 </td><td>馬桶蓋 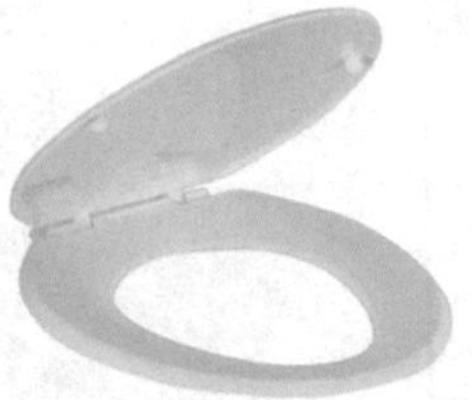</td></tr>
<tr><td>小便斗散水器 </td><td>不銹鋼衛生紙架 </td><td>不銹鋼煙灰缸 </td></tr>
<tr><td colspan="2">小便斗紅外線自動感應器 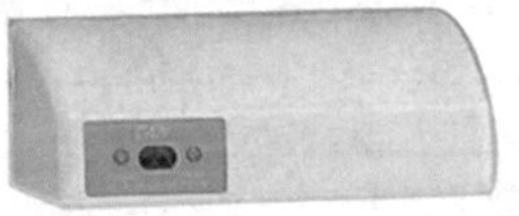</td><td>壓克力雙桿毛巾架 </td></tr>
<tr><td>雙肥皀盤 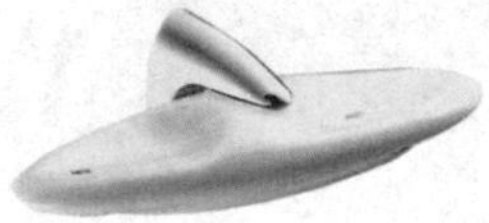</td><td>掛衣勾 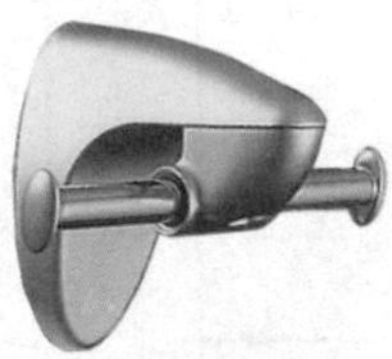</td><td>衛生紙架 </td></tr>
</table>

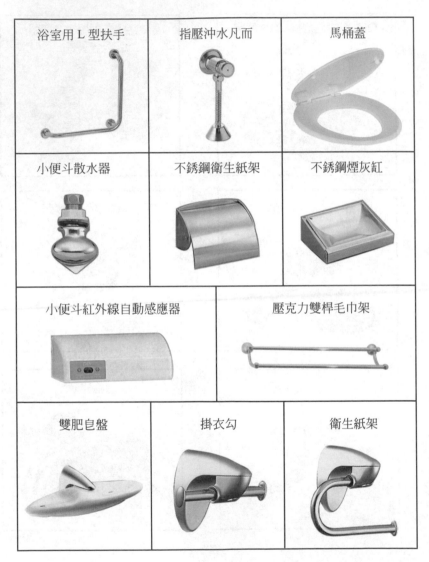

圖 3-12

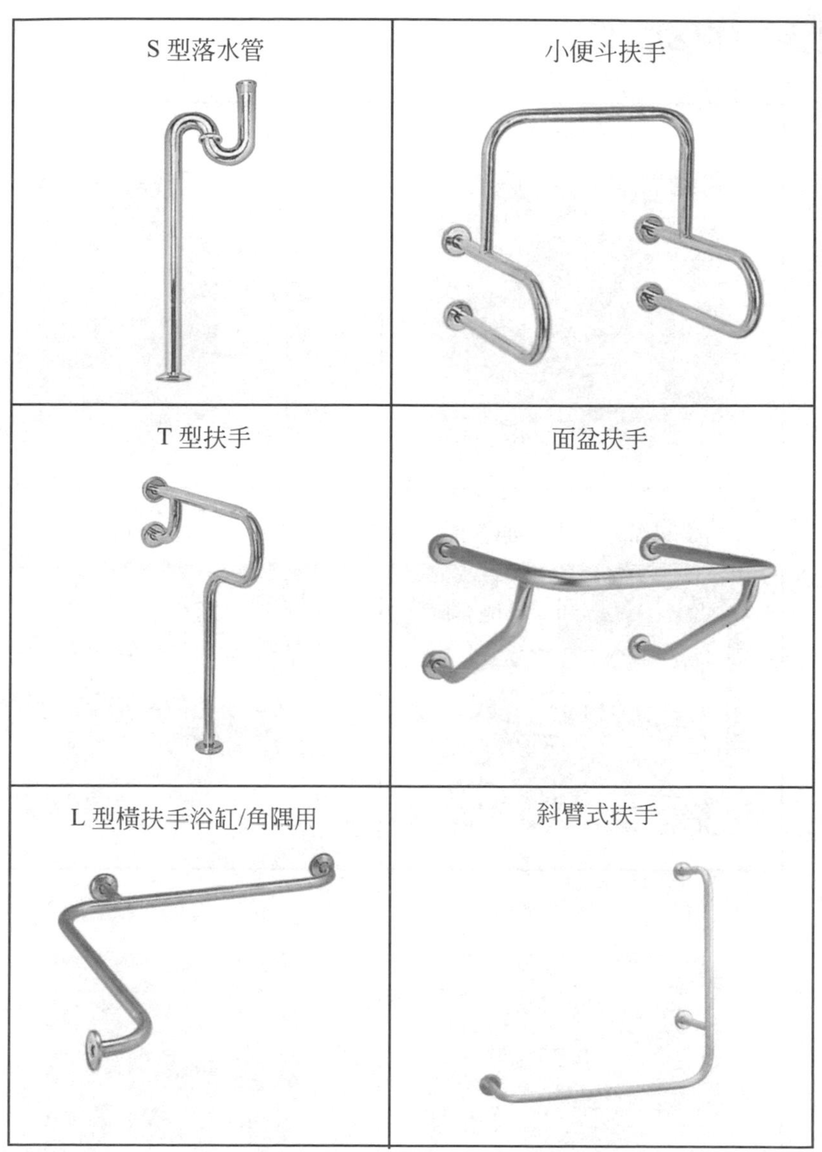
S 型落水管
小便斗扶手
T 型扶手
面盆扶手
L 型橫扶手浴缸/角隅用
斜臂式扶手

圖 3-12 (續)

 十一、銅器配件

<table>
<tr><td>高水箱配件
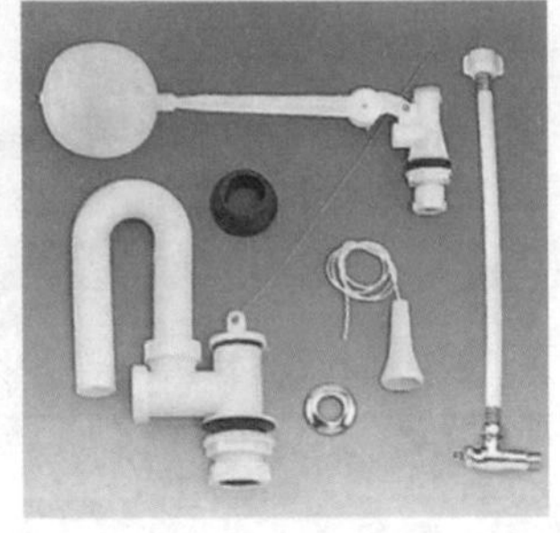</td><td>省水型馬桶水箱配件(側把手)
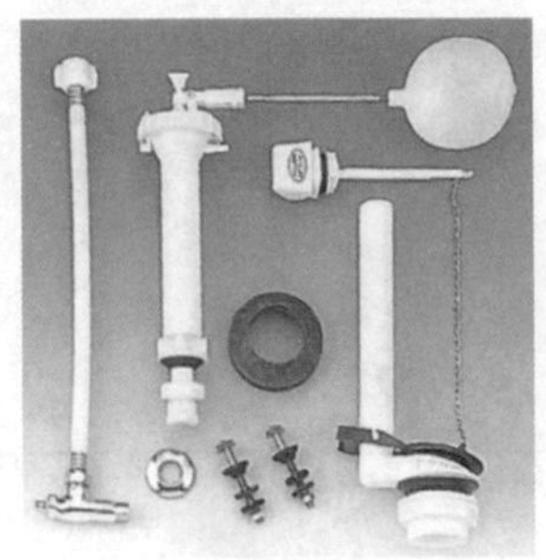</td></tr>
<tr><td>手押式油壓沖水凡而(蹲便)
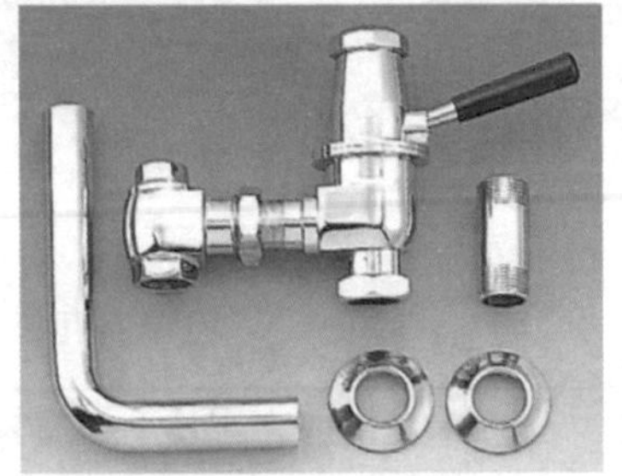</td><td>抽水馬桶水箱配件
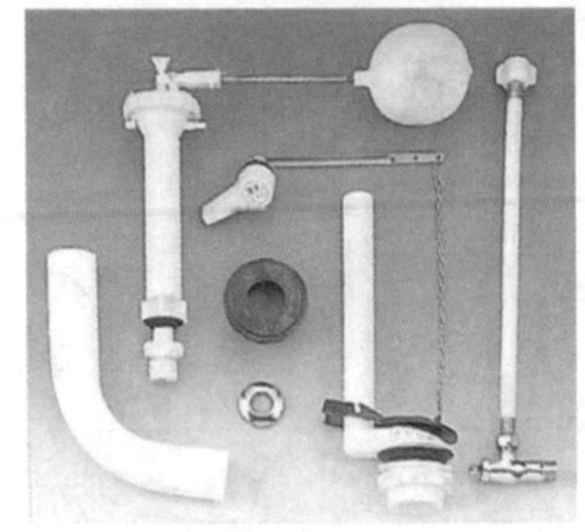</td></tr>
<tr><td>二段式省水配件(噴射式用)
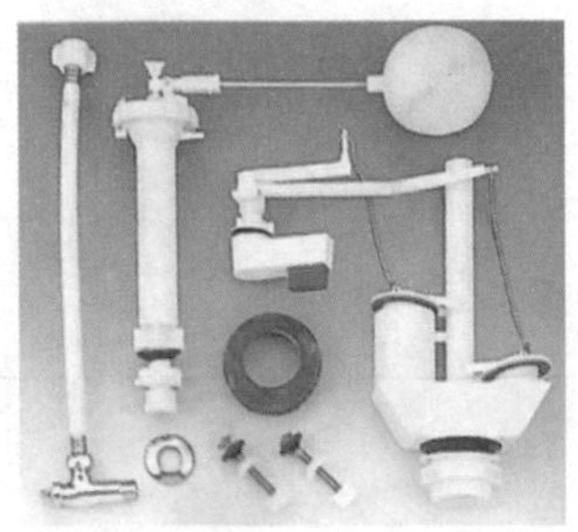</td><td>噴射式馬桶水箱配件
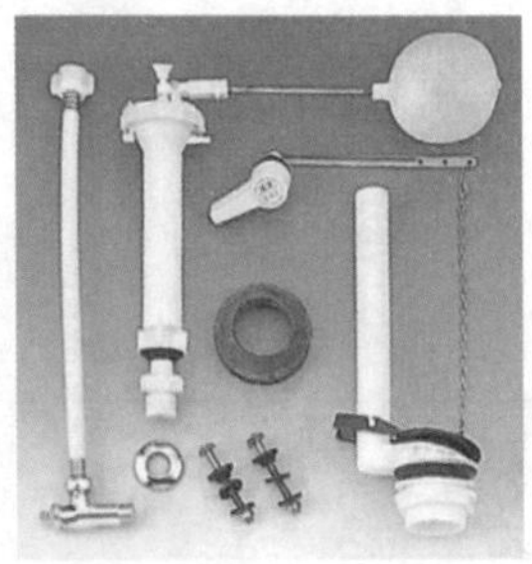</td></tr>
</table>

圖 3-13

二段式省水配件(側把手)	噴射式水壓沖水凡而(馬桶)
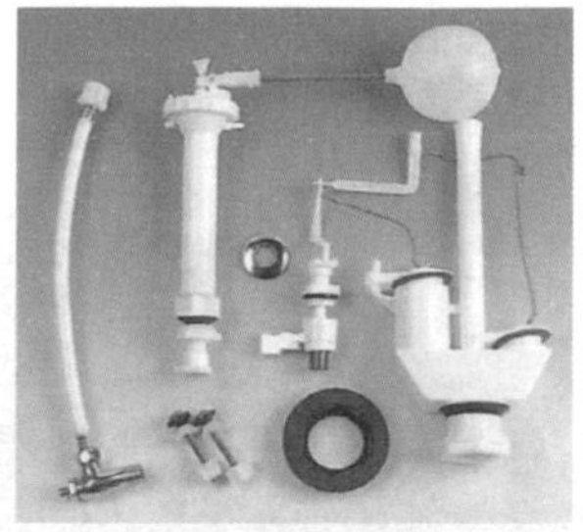	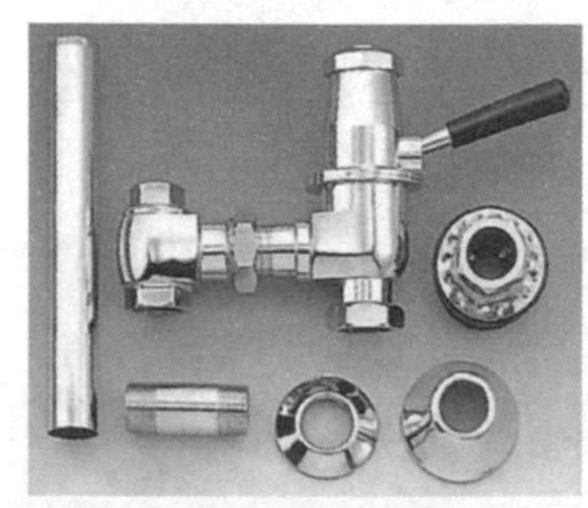
腳踏式水壓沖水凡而(蹲便)	手押式水壓沖水凡而
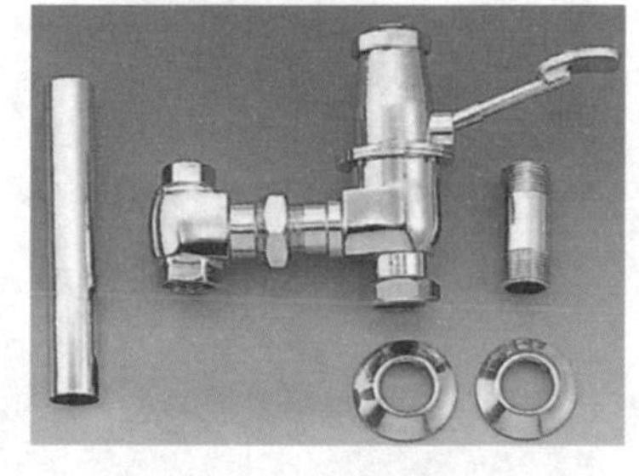	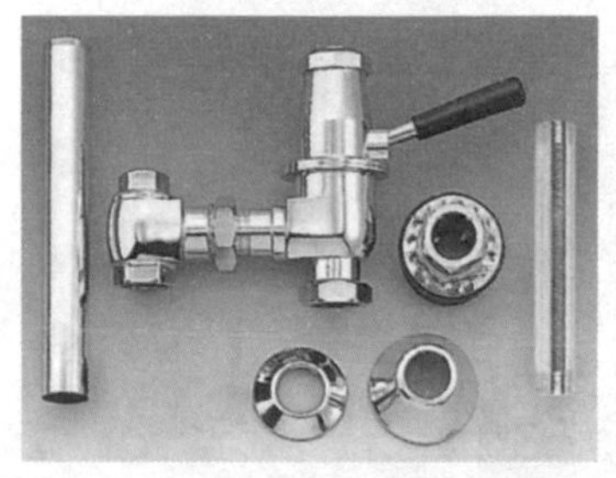

圖 3-13 (續)

十二、瓦斯熱水器、排油煙機、浴室鏡及置物架、水舞組件

- 定時－使用 20 分自動關閉
- 控溫－超溫自動斷電
- 洩壓－水壓過高自動洩氣

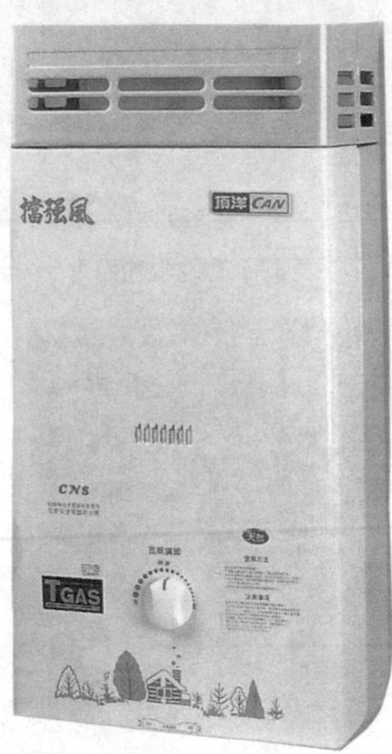

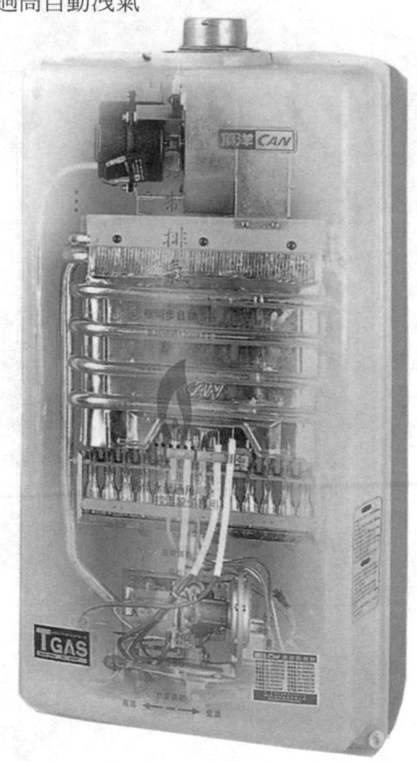

圖 3-14

排油煙機

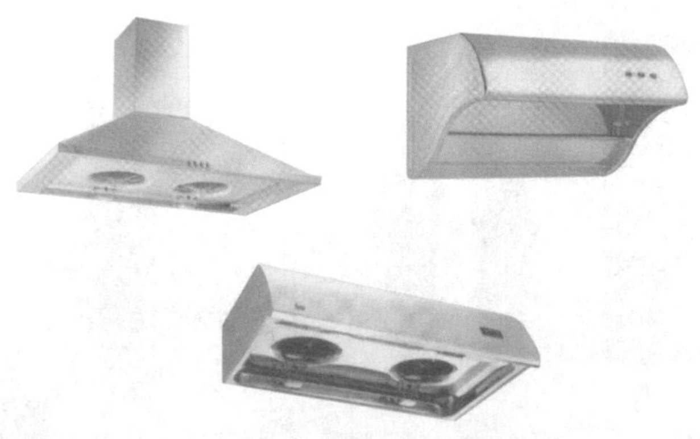

浴室鏡及置物架

各型噴水設備簡介

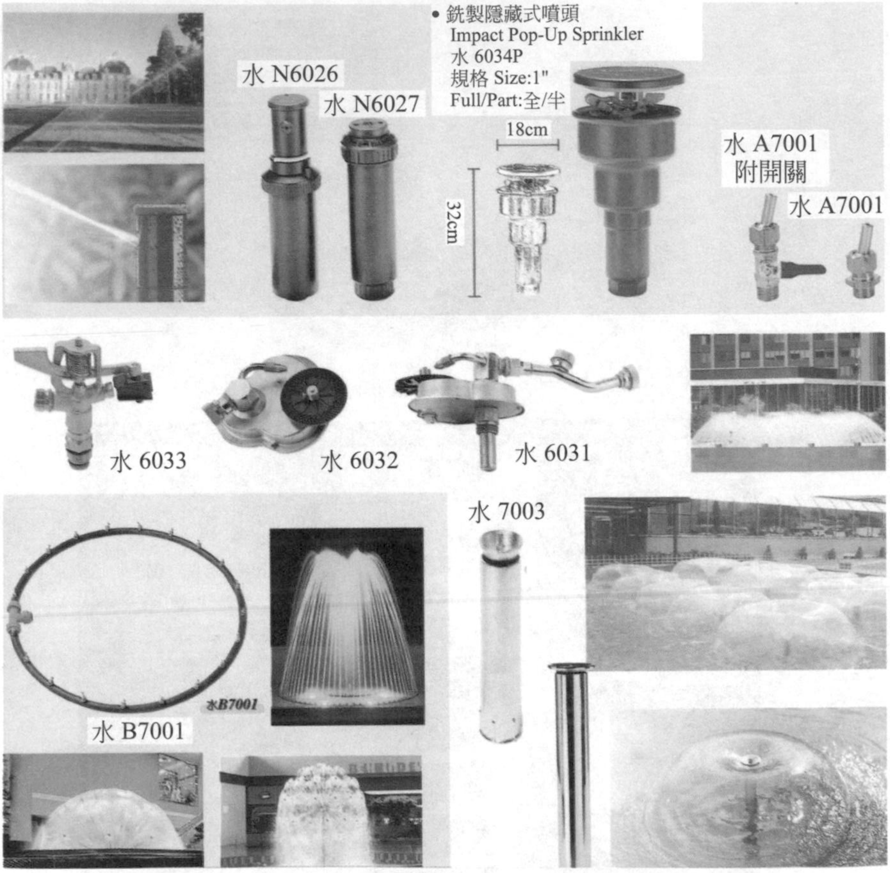

• 銑製隱藏式噴頭
Impact Pop-Up Sprinkler
水 6034P
規格 Size:1"
Full/Part:全/半

18cm

32cm

水 N6026

水 N6027

水 A7001
附開關

水 A7001

水 6033

水 6032

水 6031

水 7003

水 B7001

各型噴水旋轉設備簡介

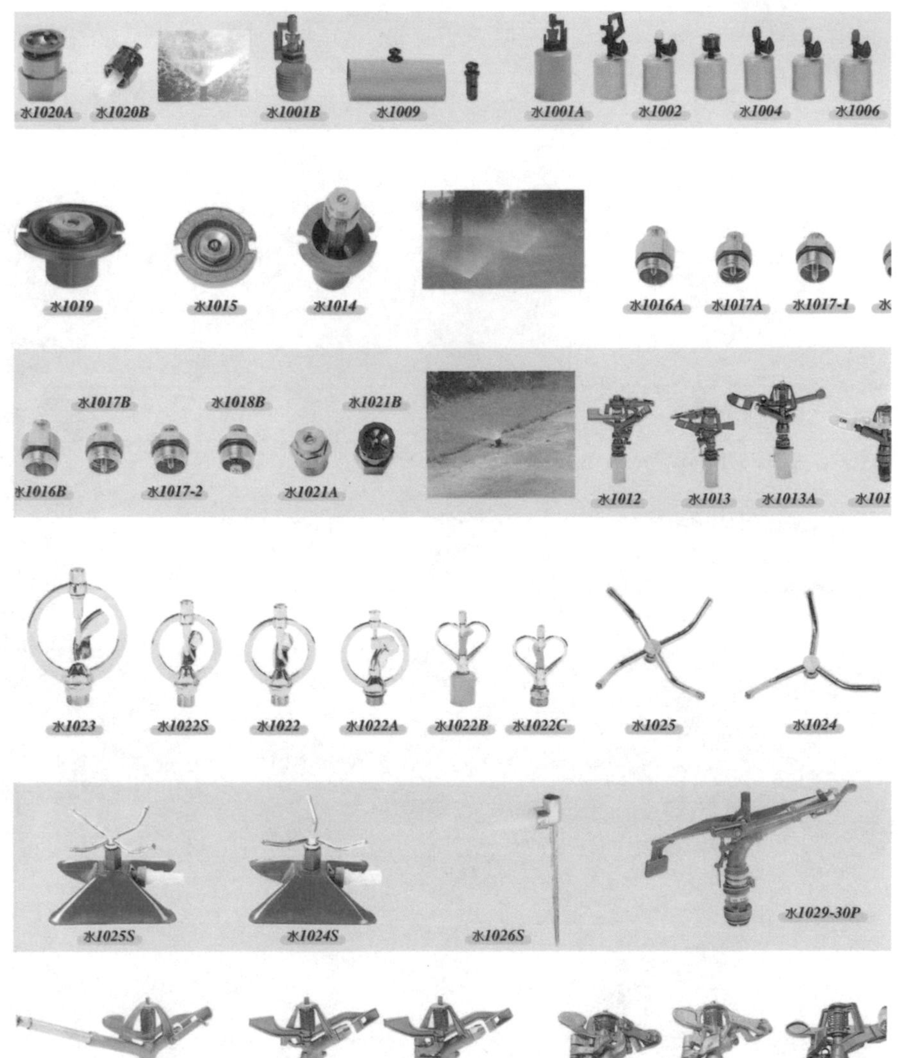
水1020A
水1020B
水1001B
水1009
水1001A
水1002
水1004
水1006
水1019
水1015
水1014
水1016A
水1017A
水1017-1
水1017B
水1018B
水1021B
水1016B
水1017-2
水1021A
水1012
水1013
水1013A
水1023
水1022S
水1022
水1022A
水1022B
水1022C
水1025
水1024
水1025S
水1024S
水1026S
水1029-30P
水1029-12AF
水1029F
水1029P
水1030S
水1030A
水1030

4

電的來源與系統

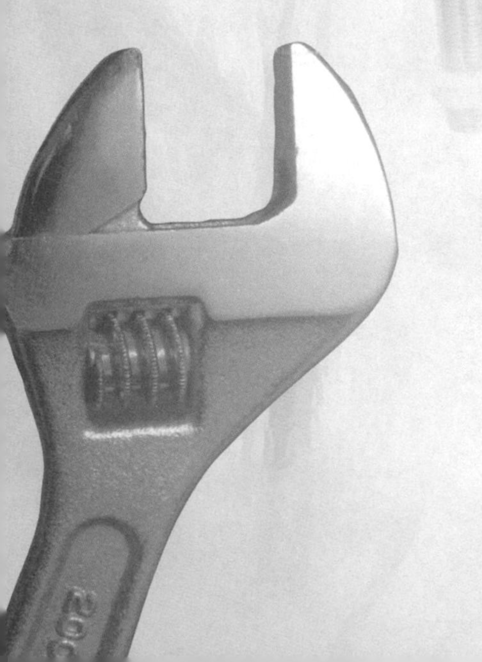

一、電的系統

電源的產生方法不一樣，有的電壓比較高、有的比較低，必須集中於輸電變電所做處理，如圖 4-1 所示。

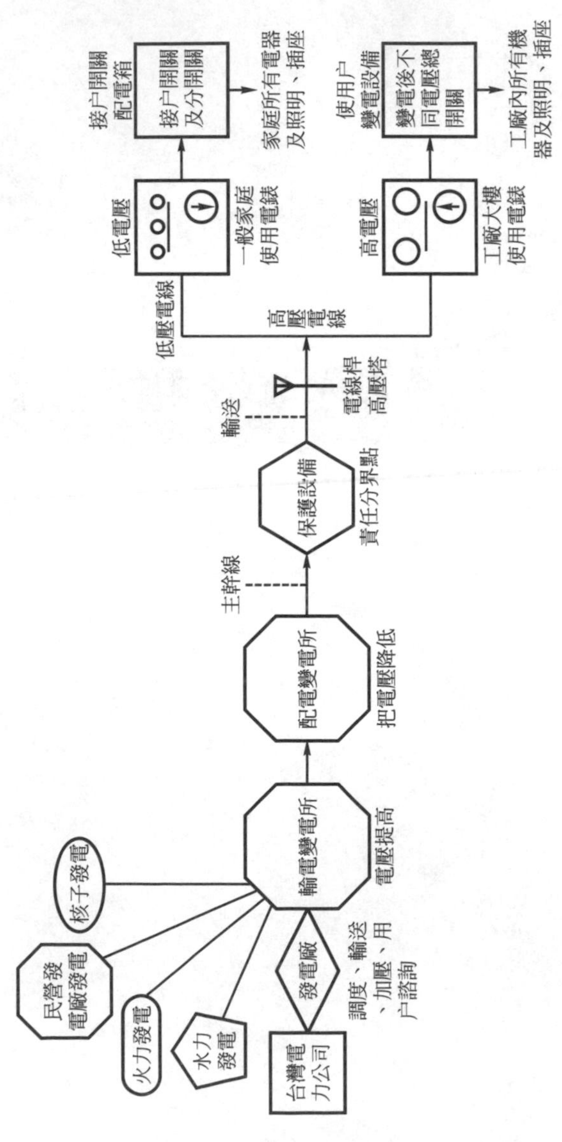

圖 4-1

二、電的來源

由“電力公司”尋覓購置土地，投資興建“發電廠”，而發電的方法都不相同，有水力、火力(煤碳、瓦斯、輕油)、核子發電種種。把各發電廠搜集的不同高、低電壓集中在輸電變電所提高電壓，再由配電變所經保護設備使用降低電壓的電輸送給用戶。工廠需電量大，輸送高壓電，一般家庭需電量小，輸送低電壓。

三、電的輸送方式

經處理過的電源，由配電變電所降低電壓後，使用電桿或電架、電塔，引接電線至使用戶的地點去，電線大都採用鋼蕊鋁線或銅線，電錶前屬電力公司負責，電錶後，由用戶自己維護。這一個區分叫責任分界點。

四、怎麼計算

電錶裝置後，只要用戶有使用電器設備，電錶圓盤就會轉動因爲電壓與電流產生的作用，使用多少，叫電度(kW/H)。電器消耗的能量叫瓦特(W)，1小時使用1000W叫1度電。1000W=1kW。

一般家庭常說，客廳用的燈是100燭光也就是100W，瓦特值越高，電流越大，電費越多，所以用戶使用多少電費，就以電度錶(kW/H)來計算的。非常合理。

 五、電的原理

1. 電學四大要素：1.電壓，2.電流，3.電阻，4.電功率。

要素	單位	英文符號
電壓	伏特	V
電流	安培	A
電阻	歐姆	R 或Ω
電功率	瓦特	P

(1) 電壓(即電位)：電位越高，電壓高；電位若低，電壓低。跟水壓的原理一樣，水位越高，水壓高；水位越低，水壓低。水壓(水位)有多少？可以裝水壓錶；電壓有多少？裝電壓錶，因爲電壓是用眼睛看不出來的，惟有藉助電壓錶，電壓越高越危險，所以我們注意看，那些架得好高好高的都是特高壓或高壓，而架得很低的，大都是低電壓

　　電壓的單位叫伏特，英文叫 V，一般家庭所使用的電壓如下列：

① 單相二線式：也就是說電線有兩條，一條是火線，一條是地線，火線帶有電壓，所以誤觸就會受電擊。而地線與大地同電位，也就是地線等於地上，有沒有人踏大地而觸電的？那是不可能的事。而火線與地線之間帶有 110V 的電壓，如果不去使用它，譬如說：我們把這兩條線插接到一個兩孔的插座去，那麼這個插座與兩條線只有電位→電壓，就如同水槽裝滿了水位

(只有水壓)一樣，如圖 4-2 所示。

再來爲何叫單相 2 線式？因爲 1 條是火線 1 條是地線，火線與地線單獨相交流給家庭的所有電器物品使用，簡稱稱爲單相，因爲是兩條電線組成，所以稱爲單相二線式。

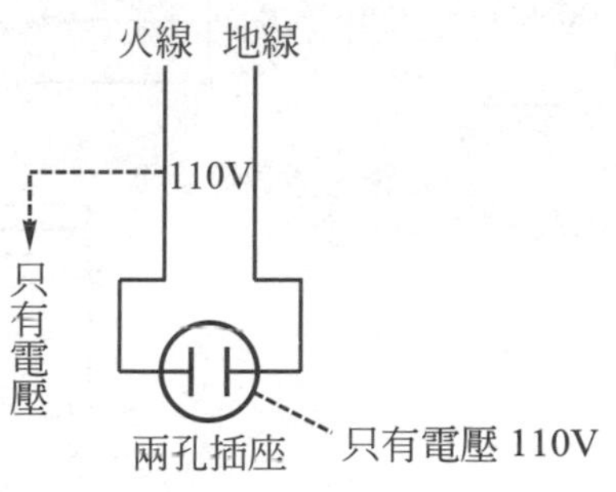

圖 4-2

② 單相三線式：也就是說電線有三條，如圖 4-3 所示，左邊 1 條火線叫(A)右邊 1 條火線稱爲(B)，中間那條是地線稱爲(N)。它們的供電是 2 條火線、1 條地線。

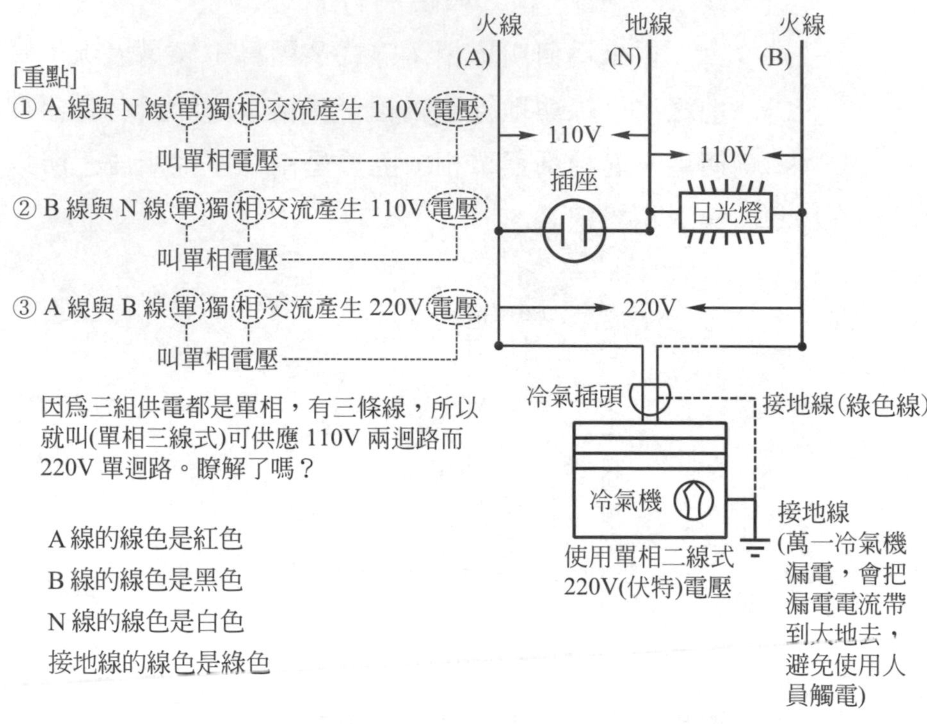
火線
(A)
地線
(N)
火線
(B)
[重點]
① A 線與 N 線(單)獨(相)交流產生 110V(電壓)
叫單相電壓
② B 線與 N 線(單)獨(相)交流產生 110V(電壓)
叫單相電壓
③ A 線與 B 線(單)獨(相)交流產生 220V(電壓)
叫單相電壓
110V
110V
插座
日光燈
220V
因爲三組供電都是單相，有三條線，所以就叫(單相三線式)可供應 110V 兩迴路而 220V 單迴路。瞭解了嗎？
冷氣插頭
接地線(綠色線)
冷氣機
使用單相二線式
220V(伏特)電壓
接地線
(萬一冷氣機漏電，會把漏電電流帶到大地去，避免使用人員觸電)
A 線的線色是紅色
B 線的線色是黑色
N 線的線色是白色
接地線的線色是綠色

圖 4-3

說明：1.A 線與 N 線，單獨相交流可以供應給 110V 的插座用。屬單相電壓。

2.B 線與 N 線，單獨相交流可以供應給所有的燈具使用，那表示家庭的用電容量更大了。因爲在單相二線式 110V 的電壓是所有的電器設備共用的(如電視、冰箱、洗衣機、燈具、插座、電鍋、電磁爐)。但現在有了兩迴路電壓，所以電量可以增加，但仍是單相電壓。

3.A 線與 B 線有 220V 的電壓是專門供給大電量的器具，像“冷氣機”。而A線也是與B線形成單獨相交流，所以也是叫單相電壓。

(2) 電流(即電子的流動)[A]：在施配的開關、插座與電線線路，假使沒有去使用電器類的設備，那麼這些開關、插座線路上只帶有電壓(伏特在)，等於一個放有水位的水塔，如果都不去使用它(打開水龍頭)，那水塔及水管只帶有(水壓)一樣。怎麼才會有電流？很簡單只要把在家庭內任何一種電器插入插座去，那麼就會把電壓內的電子引出來，造成電子的流動，就叫電流。它的單位叫(安培，英文字[A])。之前，有分析過耗電量叫(W)瓦特，瓦特數越高，電流就越大。每小時使用 1000W＝1 度電(kW/H)，所以爲了節約能源，我們應該儘量養成出門關燈節約能源的習慣，或燈具改用省電型的。

(3) 電阻(就是阻止電流的意思)[Ω]：就如水龍頭，可利用內部水塞來控制水流大小一樣，水龍頭全開，水塞全開，水流很大，水龍頭半開，水塞開一半，水流一半。水龍頭開一點點，水塞也開一點點，所以水流就很小，因此我們稱水龍頭是水的開關，也是一個(水阻)。在電路上，有著(電阻)這種電料，一般在電子或音響材料行就買得到。電阻在線路上原理與水阻是相同的，電阻越高，電流就小；電阻越小，電流就越大。而家庭內所使用的電器產品，不管它的特性是甚麼(電阻型、電容型、電感型)判斷它的好壞，就是量電阻，有電阻就是好的。而電器設備如果電阻高，電流就小，電費省；如果電阻低，電流就高，電費就多。所以說：電流大小與電費成正比，而電阻的大小卻與電流成反比。

(4) 電功率[P]係表示用電設備在單位時間內所產生的能量單位爲瓦特(W)，P=VI，因此在同一種供電的電壓中，電功率大的用電設備所通過的電流愈高，也表示要配置的電線，線截面積要比較大。

例如：電磁爐電功率 2000W，電壓 110V，則設備及電線通過的電流就是 I=P/V=2000W/110V=18.2A，要使用 2.0mm單心線，安全電流 20A，而不可使用 1.6mm單心線，其安全電流才只有 15A。

六、電壓與電流的關係

在線路上提高電壓可以減少用電電流，爲甚麼？例如一台冷氣使用 110V 要 15 安培，但如果改換 220V 的冷氣卻只需要一半的電流,也就是 7.5 安培。這麼說吧！有一個人它的最大力氣只能拿 50 公斤的東西，是最大的力量哦！但換一個更粗壯體型大一倍的人來，它最大的力氣可拿 100 公斤，如果由它來搬 50 公斤的東西，是不是只要 1/2 的力量。相同的若使用電壓是 220V，而原先使用的是 110V，220÷110 ＝ 2 倍，所以原來使用 110V 的冷氣要 15 安培，若改換 220V 的冷氣則只要 15 安培÷2 ＝ 7.5 安培。瞭解了嗎？220V 的電力是 110V 的兩倍，2：1。

七、甚麼是交流電壓、直流電壓

1. 交流電壓[AC，V]指的就是電力公司輸配給我們使用的電壓，因爲此電壓、電流流通的方向，每秒有六十交變，如果使用示波器來量的時候，會有此波形所以稱爲交流電壓。

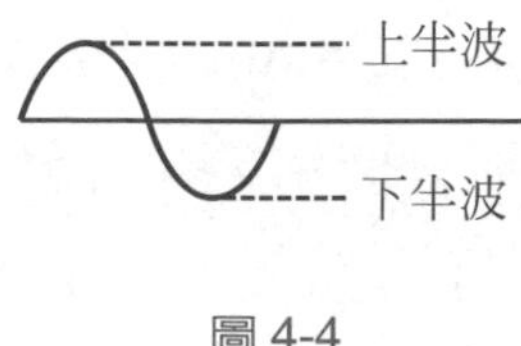

圖 4-4

2. 直流電壓[DC，V]指的就是我們呼叫器、手電筒、行動電話或機車、汽車的電池，凡是用完換新，用完要充電的，都叫直流電壓。如果用示波器來測量其電流的方向是一直線。

圖 4-5

八、電線的種類、規格及家庭輸配的電路

1. 實心線：又叫單心線，用於屋內爲(軟銅線)，用於屋外的是(硬銅線)外面的 PVC 皮是做絕緣的，所謂絕緣就是“不來電”的意思，剝開絕緣皮，內部就是一條實心的銅線，用來配電用的。目前，使用最多的就是外徑(1.6mm)及(2.0mm)的爲主。1.6mm 用來配電燈，2.0mm 用來配插座，1.6mm如果只使用2條給照明，安全電流是15安培，2.0mm 若配2條給插座，安全電流是20安培。記住，任何電線使用，不可超過安全電流，否則會造成電線走火或短路。因電流大，絕緣皮破壞所致，務必要小心使用。
2. 絞線：絞線就是由一些細的單心線絞合在一起，好處是，此線軟度較佳就是斷線也不會像單心線一樣，一斷線就全沒電，因爲絞線由7條細線絞成，就算斷1、2根也不會全部斷電。它的線徑如用尺或卡標尺測量，如果是(8mm)因爲它是絞合體，要算截斷的面積，也就是($8mm^2$)平方公厘。一般都用在大電流場合及電器設備。家庭會用到的，除電錶進來的是$8mm^2$，電鍋專用或乾衣機使用5.5平方公厘以外，很少用到絞線。
3. 軟線(花線)：也屬於很細的絞線，截面積不得小於0.75平方公厘，電流限制7安培。大都使用做神明燈、小燈具而限制長度不可超過3m(米)長，此線少用爲妙，很容易短路燃燒。其顏色有全透明的，也有全白色的，更有一種是紅色與白色交纏在一起的，統稱花線。電線的安全電流：表4-1所示。

表 4-1　屋內線路裝置規則

PVC 管配線(導線絶緣物溫度 60°C者)之安培容量表

(周溫 35°C以下)

<table>
<tr><td colspan="3">銅導線</td><td colspan="4">同一導線管內之導線數</td></tr>
<tr><td rowspan="4">線別</td><td rowspan="2">公稱截面積 (mm^2)</td><td rowspan="2">根數／直徑 (mm)</td><td>3 以下</td><td>4</td><td>5～6</td><td>7～10</td></tr>
<tr><td colspan="4">安培容量(A)</td></tr>
<tr><td></td><td>1.6</td><td>15</td><td>13</td><td>10</td><td>9</td></tr>
<tr><td></td><td>2.0</td><td>19</td><td>16</td><td>14</td><td>12</td></tr>
<tr><td rowspan="7">絞線（平方公厘）</td><td>1.25</td><td></td><td>9</td><td></td><td></td><td></td></tr>
<tr><td>2.0</td><td></td><td>15</td><td></td><td></td><td></td></tr>
<tr><td>3.5</td><td>7/0.8</td><td>19</td><td>16</td><td>24</td><td>12</td></tr>
<tr><td>5.5</td><td>7/1.0</td><td>25</td><td>23</td><td>20</td><td>17</td></tr>
<tr><td>8</td><td>7/1.2</td><td>33</td><td>30</td><td>25</td><td>20</td></tr>
<tr><td>14</td><td>7/1.6</td><td>50</td><td>40</td><td>35</td><td>30</td></tr>
<tr><td>22</td><td>7/2.0</td><td>60</td><td>55</td><td>50</td><td>40</td></tr>
</table>

註：本表所稱導線數不包括中性線、接地線、控制線及訊號線，但單相三線式或三相四線式電路供應放電管燈時，因中性線有第三諧波電流存在，仍應計入。

4. 自扁線：有1.6m/m、2.0m/m兩種，而此種線一般都是由一層白色絕緣皮，包覆著一條黑色、一條白色，兩條單心的銅線。適用於配管不方便的地方，由於形狀扁平，所以叫(白扁線)一般要用“　”字固定夾線釘來固定此線，1.6mm可用電流量(15安培)，2.0mm可用電流量(20安培)配線時要考慮美觀與平整。

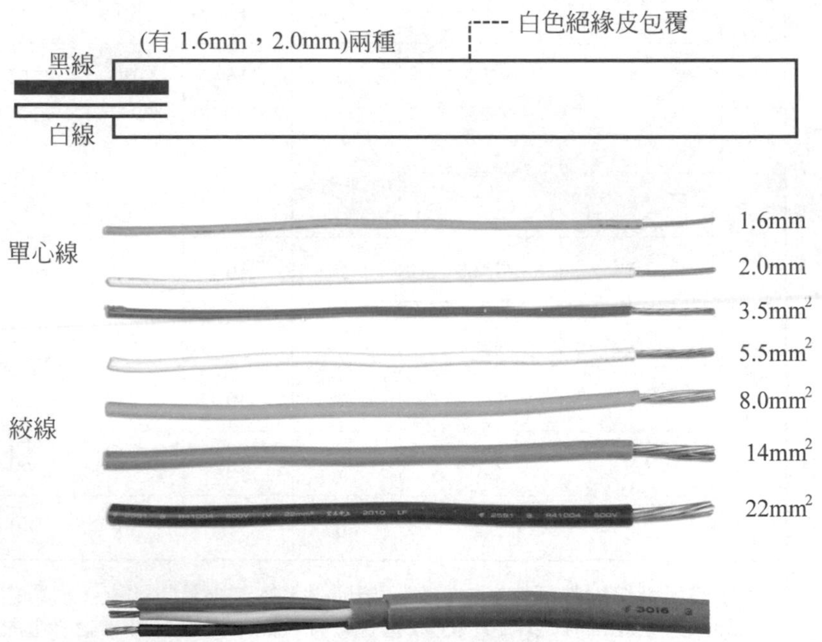

5. 電纜線(cable)：家有時要臨時電源，或是屋內要變動更改電氣設備，但已沒有管路可穿線，又不願意敲開牆壁或地板來施配管線，只好施配明線(露出型)爲了安全，使用有兩層絕緣的電纜線是比較適合的。

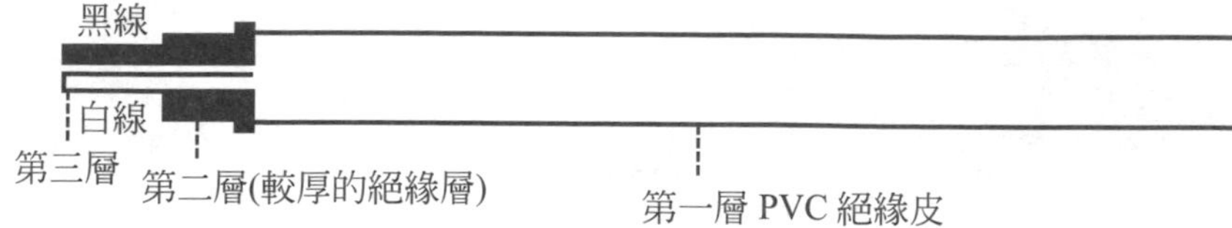

【家庭會用到的】

3.5 平方公厘(3.5mm^2)可使用到 20 安培

5.5 平方公厘(5.5mm^2)可使用到 30 安培

電纜一樣用固定夾來固定，施工時應力求整齊美觀，因爲有三層絕緣保護，是故常被拿來配明線(露出來的意思)。

6. 一般(普及型)家庭供電的方式與流程：(單相二線式 AC/110V)

(1) 普通家庭未使用AC/220V電源或較大電流容量之電器設備，大都以單相二線式AC/110V，一條火線，一條地線受電。

受電的方式，由“電力公司”從電線桿施配 2 條(大約 8 平方公厘)的導線至用戶預留的屋外電度錶接線盒內，而在固定電錶後“台電”的電源線接於電度錶的左側，而右側二條是負載端，接至屋主委託水電工程行，事前預崁入的配電箱內。配電箱內 2P(極)40 安培是總開關，由總開關再分配給 1P(30 安培)家庭電器類使用電源插座，而再分一迴路給 1P(15 安培)分開關，提供家庭內所有燈具照明用。

(2) 配電箱內主開關(NFB)就是“接戶開關”。責任分界點，電錶前屬“電力公司”維護，電錶後由用戶自行維修及保養。

(3) 配線線徑請參考圖 4-6 所示。

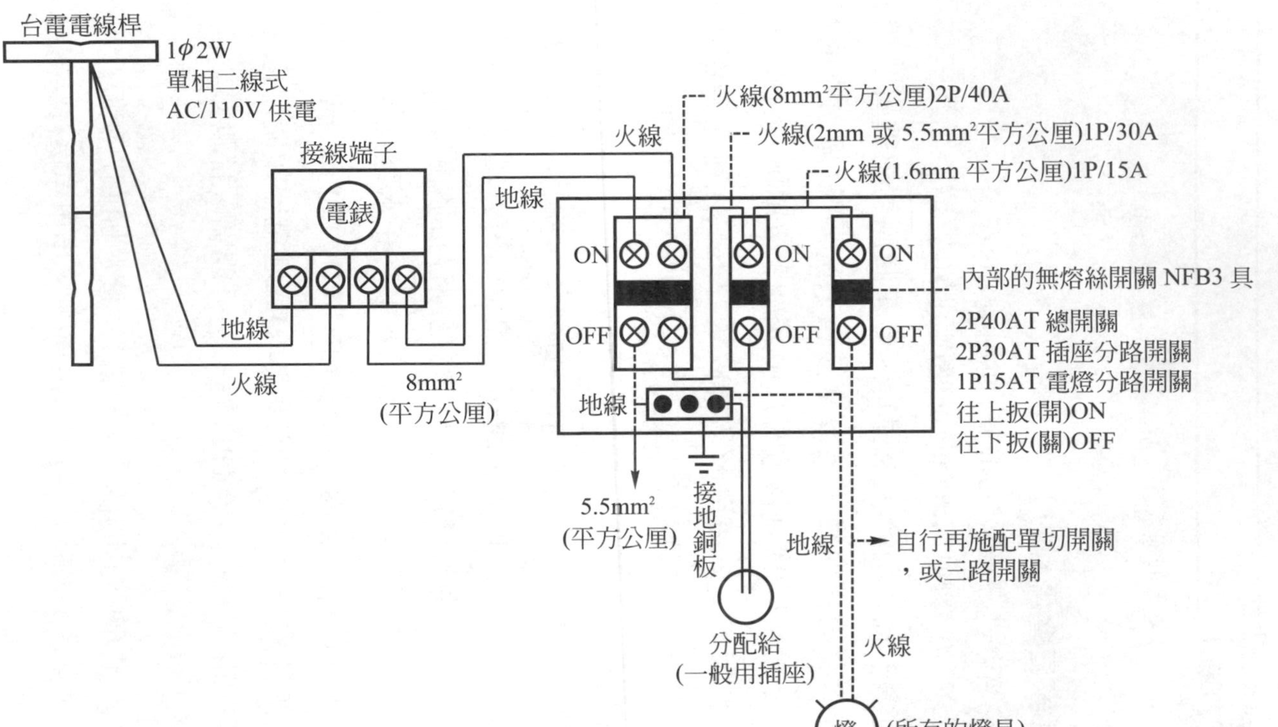
台電電線桿
1φ2W
單相二線式
AC/110V 供電
接線端子
電錶
地線
火線
8mm²
(平方公厘)
火線
地線
火線(8mm²平方公厘)2P/40A
火線(2mm 或 5.5mm²平方公厘)1P/30A
火線(1.6mm 平方公厘)1P/15A
ON
OFF
內部的無熔絲開關 NFB3 具
2P40AT 總開關
2P30AT 插座分路開關
1P15AT 電燈分路開關
往上扳(開)ON
往下扳(關)OFF
地線
5.5mm²
(平方公厘)
接地銅板
分配給
(一般用插座)
地線
自行再施配單切開關
，或三路開關
火線
燈
(所有的燈具)

圖 4-6　家庭的接戶開關配電箱

7. 一般(普及型)家庭供電的方式與流程：(單相三線式 AC/220V/110V)

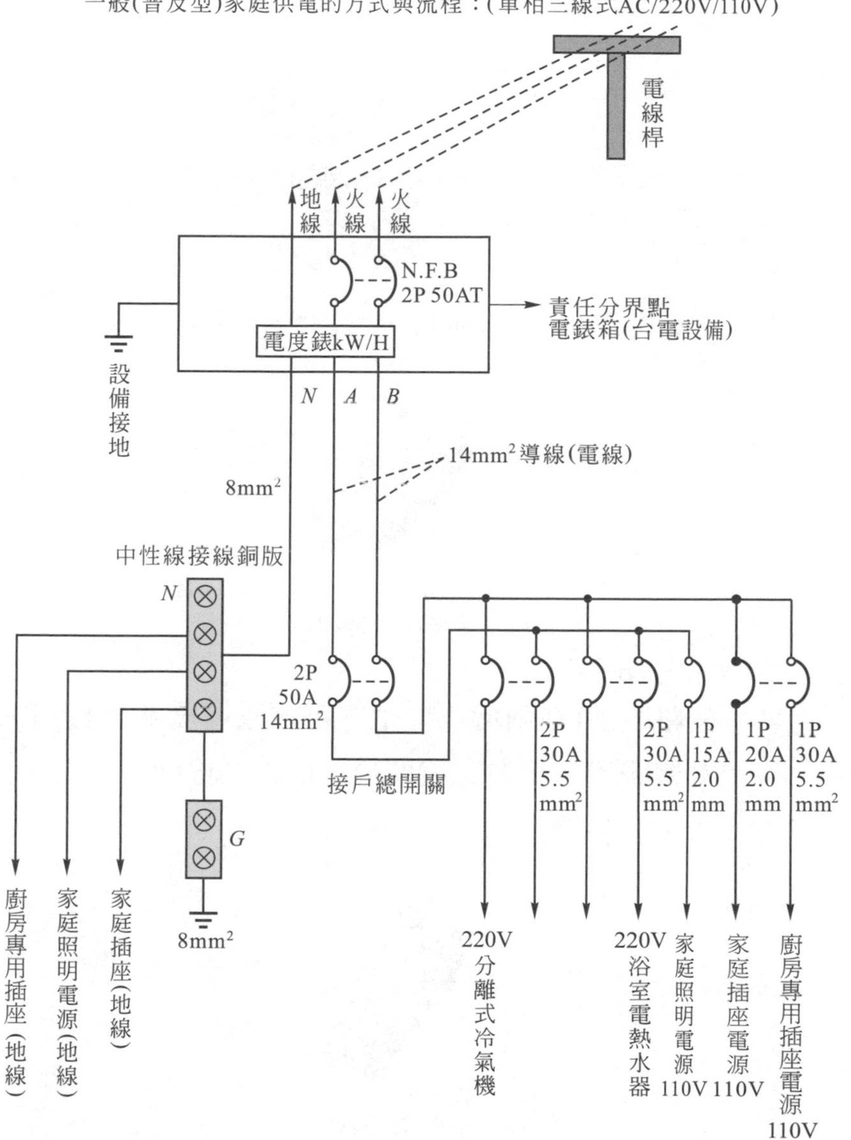

圖 4-7

 九、一般家庭常用的開關、插座及附屬設備

購買電器產品需認明

梅花標誌　　內銷檢驗合格證

圖 4-8

⑴　單切開關(附有指示燈，沒開的時候燈會亮)

TS-5005
螢光單切開關 B

⑵　三路開關(在兩個不同地方可在原地開關燈具)也就是在一樓開燈，可在二樓關燈，而在二樓開燈，可在一樓關燈，便利操作。

TS-5006
螢光單切開關 C

3. 電鈴開關(家內電鈴專用，有押鈴響，沒押不響)

TY-A1
電鈴押扣組

4. 主開關：無熔絲開關(沒有保險絲的開關)
NO FUSE BRAKER，簡稱N.F.B
(用來做家庭總開關或分路開關)
1P：管一條線
2P：管二條線
3P：管三條線

圖形			
極數	1	2	3
電流	25	50	75

5. 閘刀開關(簡稱 K.S)因形狀像閘刀所以以此爲稱。也是用來做家庭總開關或分路開關，若線路短路或電流過大，開關內的保險絲會熔斷達到安全保護的功能，因要更換保險絲，目前很少使用。

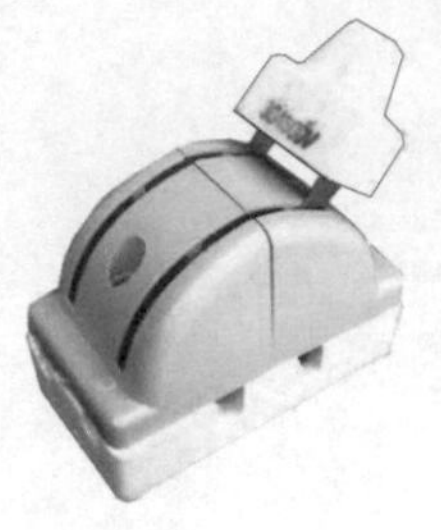

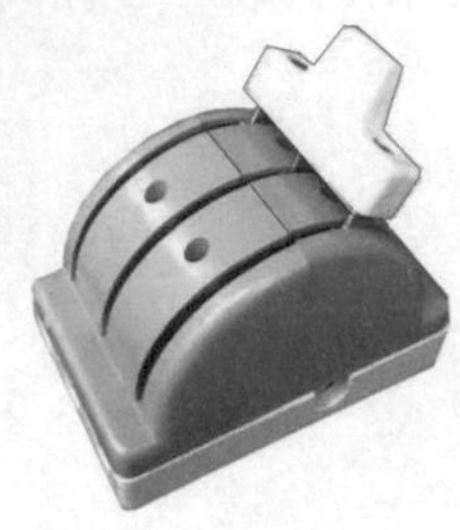

6. 埋入式插座有單孔(一孔)、二孔、三孔式

TY-H602A
聯蓋式雙插座組

TY-H603A
聯蓋式三插座組

特殊有標用途的單切開關

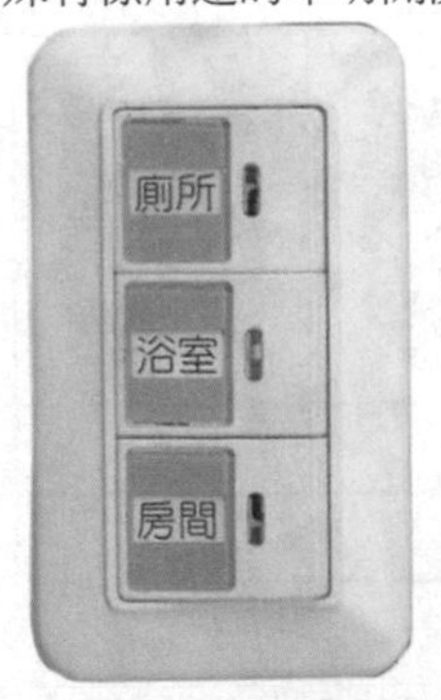

7. 電視用中繼器插座，有單孔、雙孔兩種(就是把天線或第四台配電纜線在管壁的接線盒內)，只要從這個插座插入電視的輸入同軸電纜，就可欣賞電視節目。

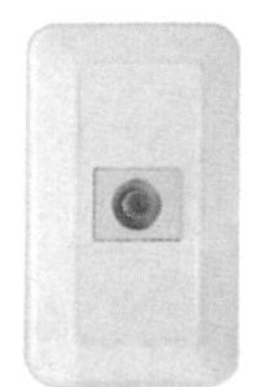

TY-1P
單電視中繼插座組

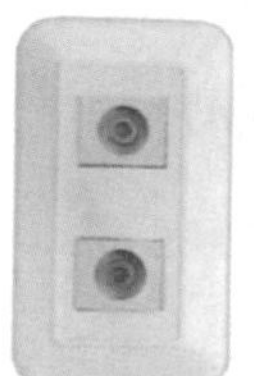

TY-2P
雙電視中繼插座組

8. 冷氣專用的插座(家庭用)有 T 型及 H 型兩種。

豪華型冷氣插座 T、H 型組
TY-607(T 型) TY-608(H 型)

9. 電話專用座有一孔及二孔兩種，就是預先把電話線配在管壁內，如果使用電話，用電話頭插進去，就可天南地北聊不完，很方便。

TEL-1P
二心單電話插座組

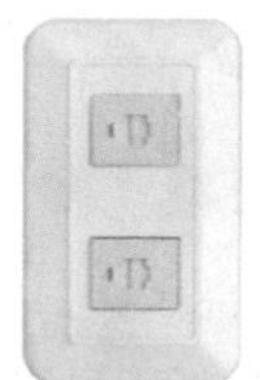

TEL-2P
二心雙電話插座組

10. 電視連電話插座(一物兩用)

TV-EL11
單電視插座、二心單電話插座組

11. 開關及插座蓋片(含框架)單孔、二孔、三孔等三種。

TS-1023
一般開關、插座可用型

12. 浴室排風機(兩型)。

TS-206A
浴室用通風電扇直排

TS-208A
浴室用通風電扇側排

13. 電視插座連電源插座(一物兩用)。

TV-VH11
電視插座、單插座組

14. 三個單切開關組合。

TV-S3
三切片開關組 C

十、單切開關

單切開關是家庭用來開燈關燈用的。甚麼叫開關？就是利用銅片來接觸，有電、燈亮，叫做開，把銅片切離不通電、燈熄，叫做關。請參考圖 4-9 至圖 4-11。

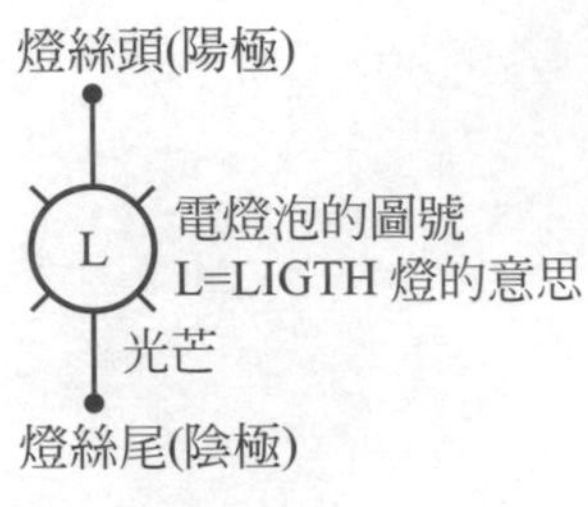
燈絲頭(陽極)
L
電燈泡的圖號
L=LIGTH 燈的意思
光芒
燈絲尾(陰極)

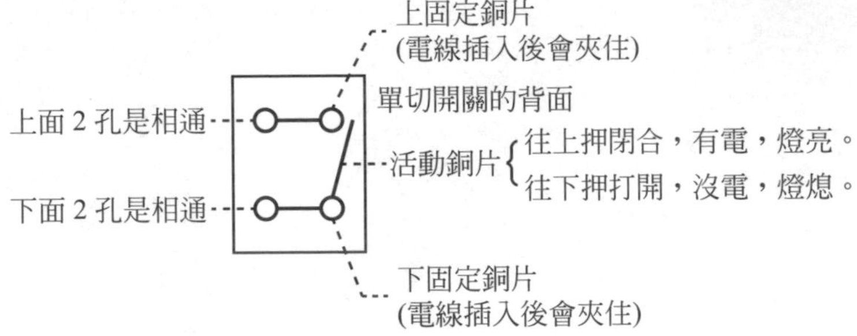
上固定銅片
(電線插入後會夾住)
單切開關的背面
上面 2 孔是相通
活動銅片
往上押閉合，有電，燈亮。
往下押打開，沒電，燈熄。
下面 2 孔是相通
下固定銅片
(電線插入後會夾住)

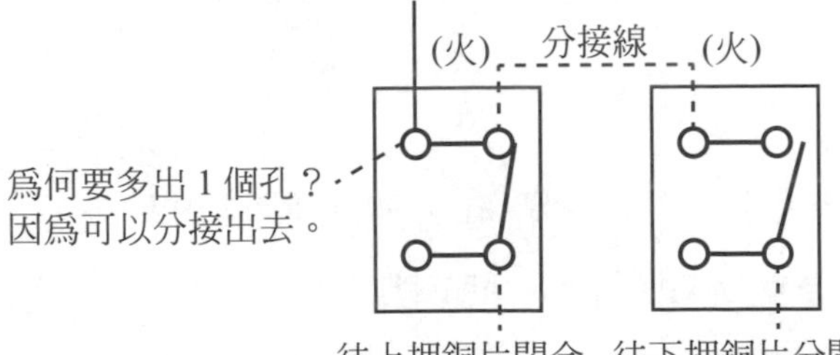
(有電流通，燈絲就會發熱
燈絲熱到極點變成光)
(火)
分接線
(火)
爲何要多出 1 個孔？
因爲可以分接出去。
往上押銅片閉合
(有電，燈亮)
往下押銅片分開
(沒電，燈熄)

圖號：

單切開關

規格：埋入型 300V 以下
15 安培(A)
沒有保險絲

圖 4-9

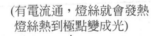

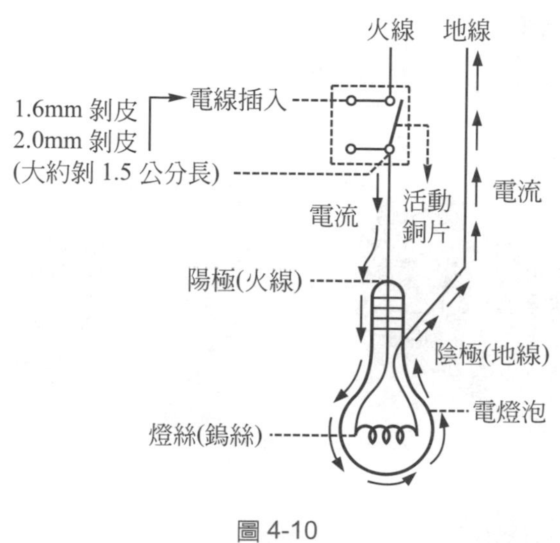

圖 4-10

【說明】單切開關背面上面有兩孔，是連通的，是要插入火線的固定夾銅片，下面有兩孔，是連通的，插入電燈泡的陽極即下面的固定夾銅片，其中間的按鈕是活動鈕，也就是活動銅片，用手指押上，活動銅片與火線銅片接觸。因電燈泡的陰極已接地線，再輸入火線，電壓產生循環電流，所以電燈泡發熱變成光亮。用手押單切開關活動鈕向下，則活動銅片脫離，上面的火線銅片沒有提供火線的電燈就熄了。

單切開關有兩種，現在介紹的是埋入式暗型，另有一種是外露型的，叫明單切開關，是要固定在牆壁或木板外面的。如圖 4-11 所示。

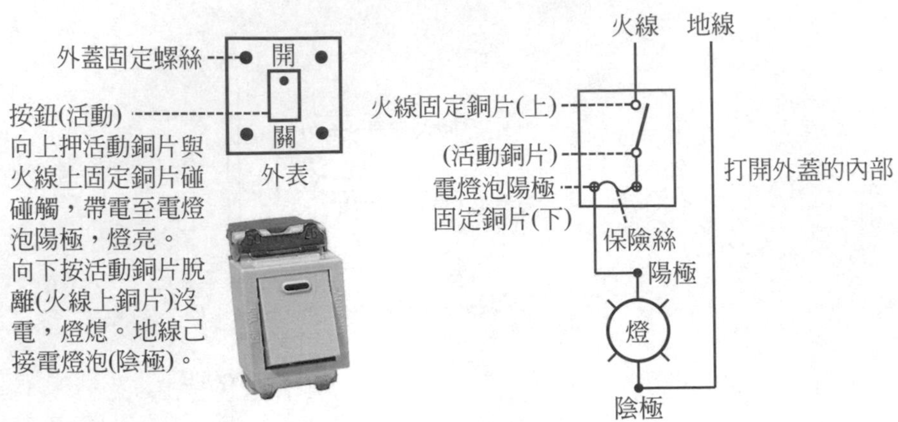

圖 4-11

 十一、三路開關

所謂三路開關，就是比較特殊線路控制的開關，一般家庭二樓以上，那麼在一樓到二樓的樓梯間有一具燈，一樓要上二樓要開它，二樓要下一樓要開它，但是已經要睡覺了，爲了節省能源，捨不得讓它亮到天亮，但是屋主住在二樓，如果開關是裝在一樓，那豈不是很不方便，要專程帶支手電筒走下一樓關掉樓梯燈，再用手電筒回到二樓。遇此情況，就用得到三路開關，因爲它的功能是：在一樓開，可在二樓關；在二樓開，可在一樓關；也就是說，不論在一樓或二樓都可開跟關，非常方便。如圖 4-12 所示。

圖 4-12

【動作說明】三路開關我們看它的背面，上面有兩個插孔是相導通的，叫個⓪點，也就是共用點，還沒按⓪與與①點通，按了是換⓪點與虛線②點通電，所以看圖4-13 電燈泡陰極已接了地線，而火線插到(一樓用的三路開關⓪點)，而⓪點與①點相通並接到(二樓的三路開關"①點")，①點又與⓪點相通，所有二樓的三路開關⓪點把火線帶到電燈泡的陽極，目前電燈泡是亮的。

❶若在一樓的地方，按三路開關，⓪點與①點切開，換到②點，燈不亮，而再至二樓要開燈，把二樓的三路開關一按，原來在⓪點與①點，切到⓪點與②點，而一樓的三路開關火線是在⓪點與②點，所以燈會亮，一樓關，二樓開。

❷剛才是一樓關，二樓開，現在，在二樓按下⓪點與②點分開，切到①點，燈不亮，按一樓的三路開關(原來是⓪點與②點電)變成⓪與①點通，所以，火線又從一樓的開關⓪與①串接二樓的開關，⓪與①通電，燈泡亮。二樓關，一樓開。

❸假使還是搞不清楚，請看圖 4-13 多看幾次並背接線口訣就"OK"了。

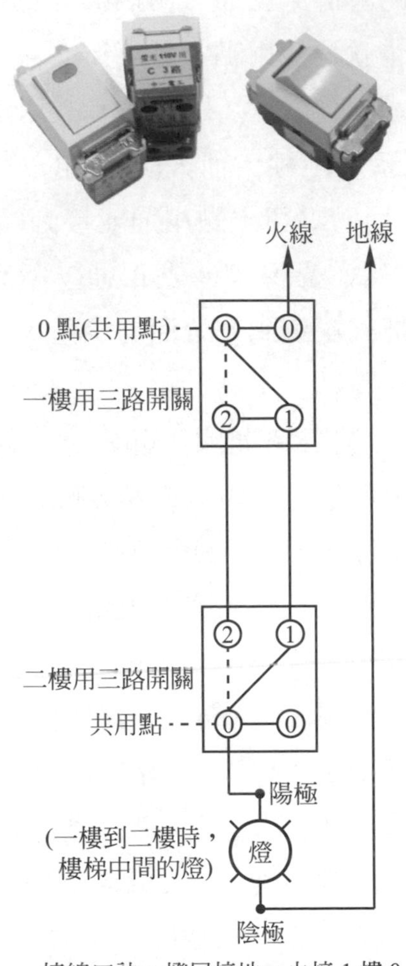

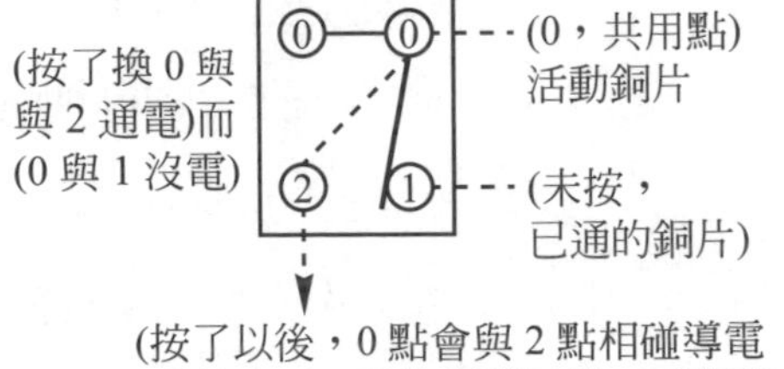

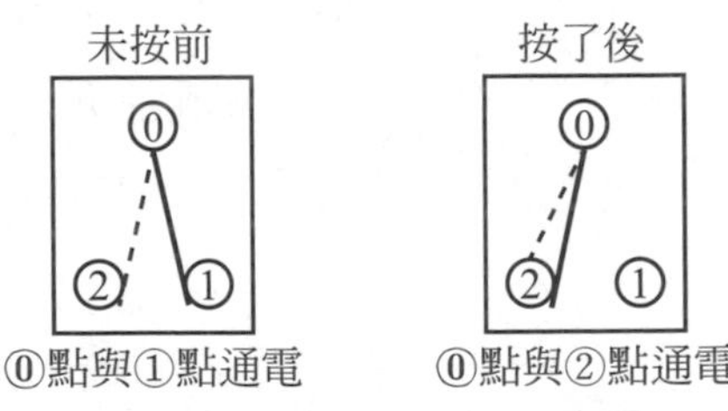

接線口訣：燈尾接地，火接 1 樓 0 點，中間①接①，②接②，燈頭接 2 樓 0 點。簡單多了吧！

規格：埋入暗型
300V 以下，15 安培(A)

圖 4-13

十二、埋入暗型連接插座

插座是專門供給家庭的每一種電器產品用的器具設備，如插電視、電冰箱、音響、吹風機、書桌檯燈……等等，但是用電量比較大的，像大電鍋、電爐、乾衣機等就要，配 5.5 平方公厘，比較粗的線，以及耐熱大電流的專用插座。

本單元介紹的是一般型家庭插座，用 2mm 電線(20 安培)。

家庭一般插座種類：有埋入式聯接插座，最多可用雙連(6 具)單聯(3 具)，另一種爲明型插座(露出型)，有單孔、雙孔、三孔以上，內部附有保險絲。而埋入暗型沒有保險絲。

1. 埋入式暗插座

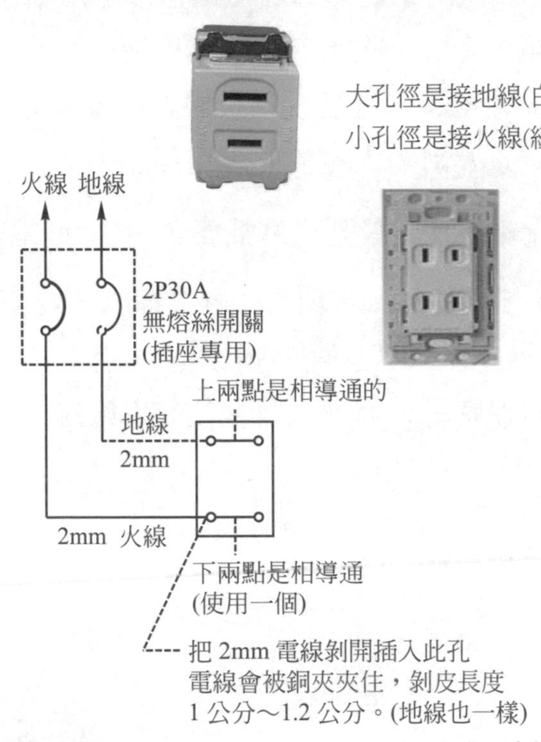

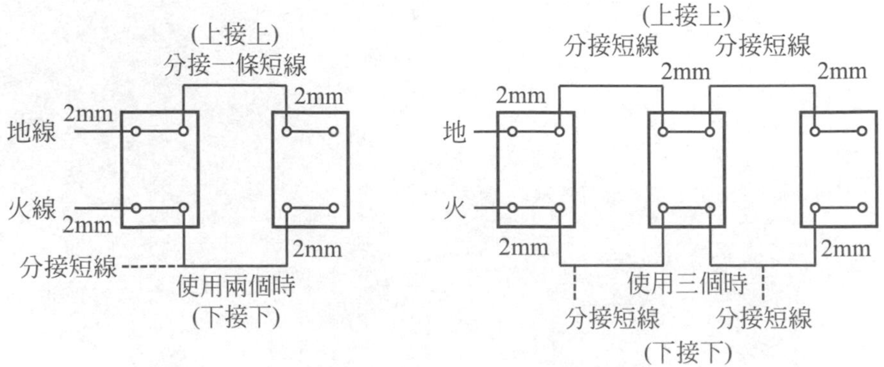

圖 4-14

2. 露出型明插座

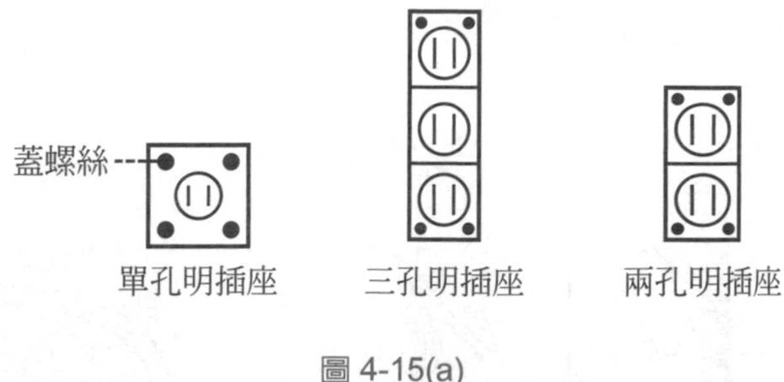

圖 4-15(a)

3. 附有接地極的暗插座

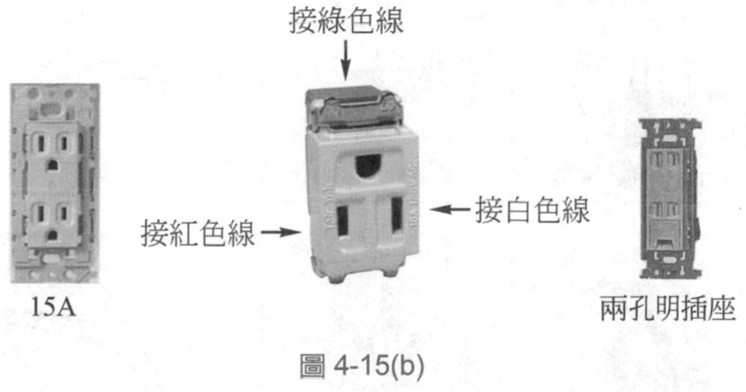

圖 4-15(b)

十三、埋入型暗插座或暗開關

插入電線及取出電線的方法：

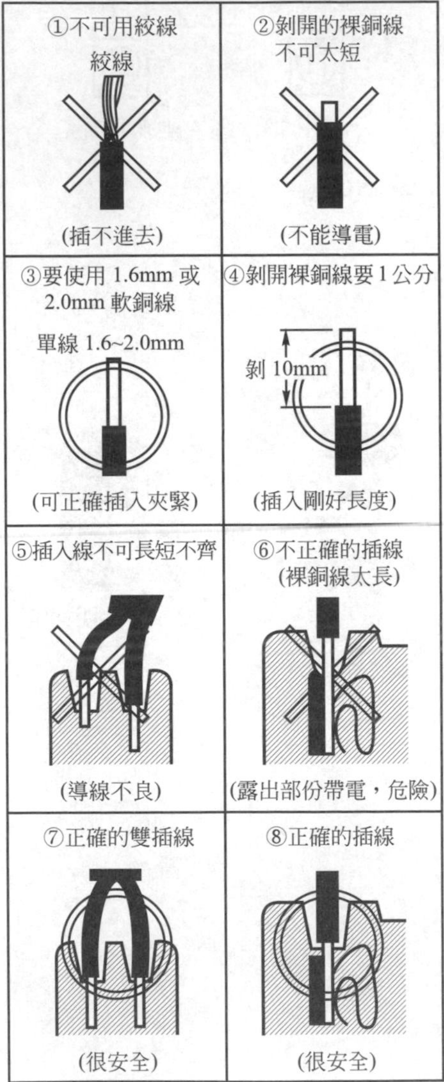

①不可用絞線
絞線
(插不進去)
②剝開的裸銅線不可太短
(不能導電)
③要使用 1.6mm 或 2.0mm 軟銅線
單線 1.6~2.0mm
(可正確插入夾緊)
④剝開裸銅線要 1 公分
剝 10mm
(插入剛好長度)
⑤插入線不可長短不齊
(導線不良)
⑥不正確的插線（裸銅線太長）
(露出部份帶電，危險)
⑦正確的雙插線
(很安全)
⑧正確的插線
(很安全)

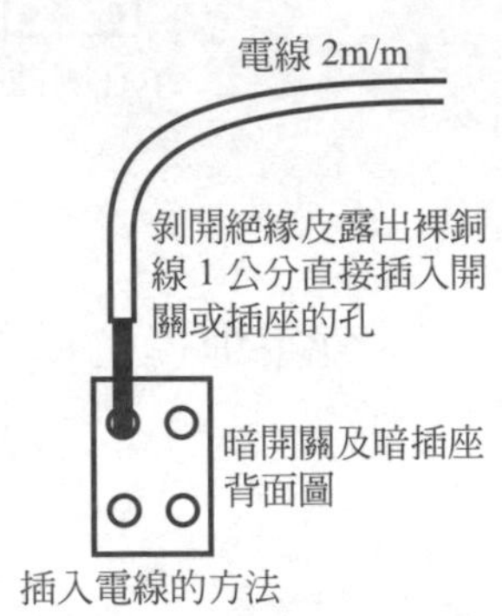

電線 2m/m
剝開絕緣皮露出裸銅線 1 公分直接插入開關或插座的孔
暗開關及暗插座背面圖
插入電線的方法

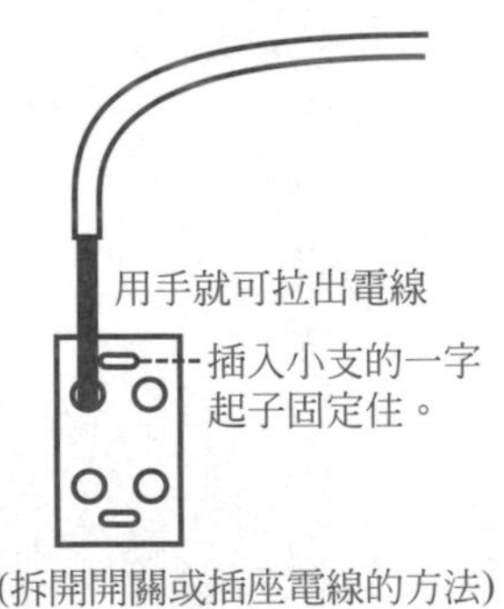

用手就可拉出電線
插入小支的一字起子固定住。
(拆開開關或插座電線的方法)

圖 4-16

十四、ELB 漏電斷路器

在工廠潮濕地方用電的機器，或用水來染紗、染布的電氣機器，爲了防止因線路或設備絕緣不良，產生漏電電流危及操作人員的安全和設備的損壞，所以在這些場所都要裝置 ELB 來做保護。因此斷路器內部有一組跳脫線圖(TRIP COIL)，當洩漏電流達到一額定值時(一般都是幾十毫安"mA")立即快速的切斷 E.L.B。而正常一個人體若瞬間在心臟有超過 30mA 的電流經過就有生命的危險。

既然漏電斷路器有如此安全功能，家庭內所使用的電熱水器、電冰箱、飲水機、洗衣機，皆該使用此器具來保護生命的安全。其外觀及不同規格如下，圖 4-17 與表 4-2。

電流之大小	觸電的程度	備　註
1mA 5mA 10mA 20mA 30mA 100mA	感覺麻痺 感覺相當痛 感覺到無法忍受之痛苦 肌肉收縮不能動彈 相當的危險 已有致命的程度	1mA 等於千分之一安培。

圖 4-17

表 4-2 漏電斷路器

製　　式	MS-52	MS-33	MS-32
相線徑	單相二線 1φ2W	單相二線　單相三線　三相三線 1φ2W　1φ3W　3φ3W	單相二線 1φ2W
	漏電保護		漏電保護
額定電流	30	30	30
額定電壓(V)	120/240	240	120/240
動作時間	0.1	0.1	0.1
額定感應電流(mA)	15　30	15　30	15　30
重量	0.19	0.25	0.19

十五、一般家庭配電圖

圖例說明：⑴本工程皆以 PVC 管施工。

⑵廚房專用插座要獨立配線徑 5.5 平方公厘。

⑶插座使用二孔埋入式，線徑 2.0mm 公厘(限制 20A 安培以下)。

⑷照明使用 1.6mm 公厘(限制電流 15A 安培以下)。

⑸虛線代表地線(N)。

⑹ L 代表燈。

⑺ || 代表插座。

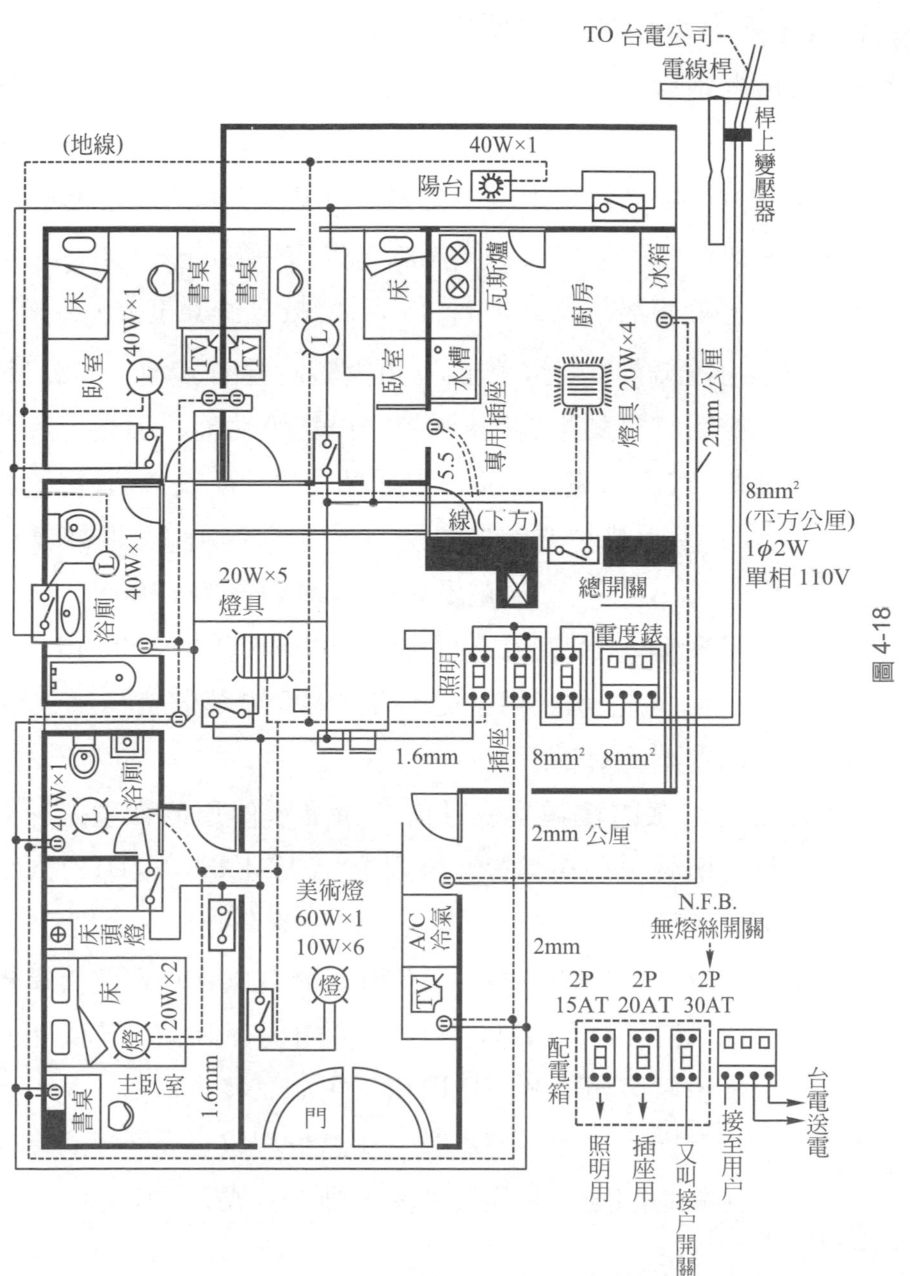
TO 台電公司
電線桿
桿上變壓器
(地線)
40W×1
陽台
臥室
床
書桌
40W×1
TV
瓦斯爐
廚房
冰箱
水槽
專用插座
20W×4
燈具
2mm 公厘
5.5
線(下方)
8mm²
(平方公厘)
1φ2W
單相 110V
浴廁
20W×5
燈具
總開關
電度錶
照明
插座
1.6mm
8mm²
8mm²
2mm 公厘
美術燈
60W×1
10W×6
A/C
冷氣
床頭燈
20W×2
主臥室
門
2mm
N.F.B.
無熔絲開關
2P
15AT
2P
20AT
2P
30AT
配電箱
照明用
插座用
又叫接戶開關
接至用戶
台電送電

圖 4-18

十六、三用電錶功能與使用

三用電錶就是我們用來測量電路、用電器具好壞最佳的儀器，就好像醫生所用的聽診器一樣，只不過醫生拿聽診器是用來診察病患，而我們是使用三用電錶來檢查及判斷，電器線路及設備的正常與否。如果沒有三用電錶，技術再好的從業者，也只能束手無策，英雄無用武之地。可見三用電錶多麼重要。

1. 三用電錶的功能：雖然三用電錶附屬有其他，如測量“電晶體”、“自動增益”甚至於“分貝”等功能，但是，我們是要學“家庭水電維護”不是要開“電器行”或“音響電子材料行”。所以挑重要的來解說即夠用了。何謂三用電錶：
   (1) 可量 ACV：交流電壓 0 － 1000V(有的 1200V)。
   (2) 可量 DCV：直流電壓 0 － 1000V(有的 1200V)。
   (3) 可量 電阻 歐姆值：從 1 倍到 10000 萬倍。
   (4) 請看圖 4-19 所示。
2. 三用電錶的種類：依目前技術業所使用的類型，計有三種，廠牌更是相當多。原則上“家庭水電修復DIY”買個價廉又實用的，就行了(市價大約三佰多元)。
   (1) 指針型：(傳統式)量 ACV(交流電壓)DCV(直流電壓)R(電阻、歐姆、Ω)的數值多少由內部動圈，帶動指針，多少電壓值，多少電阻值，用測試棒去測量，指針就會指示出來，指針不亂動。測試棒與線很長，不會有線不夠長的困擾，價錢又便宜，惟一缺點是“體積大”。攜帶不方便。

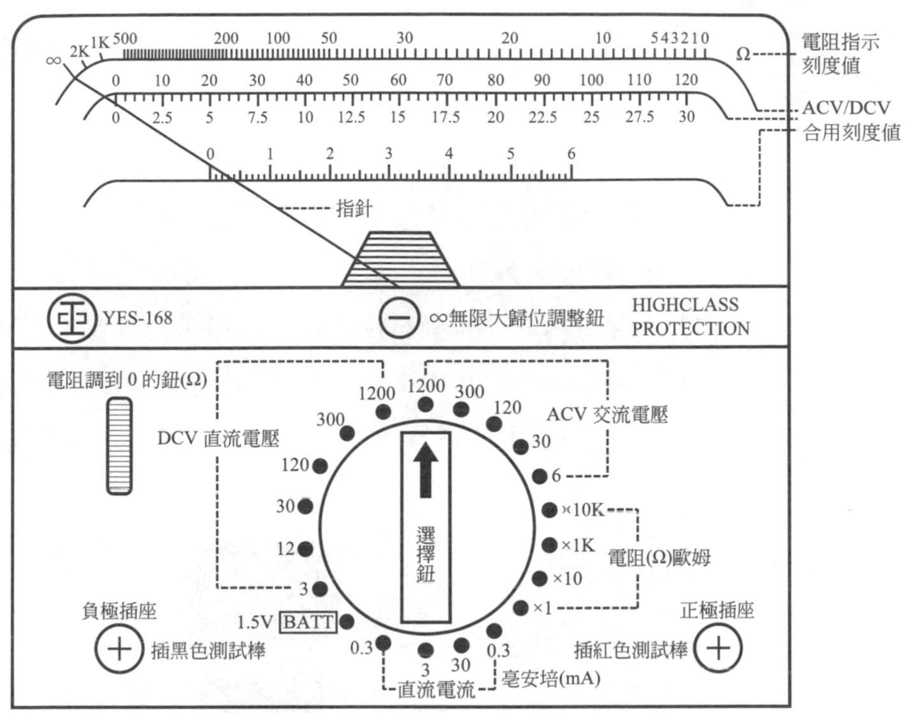

圖 4-19

註：倒 8(∞)代表電阻無限大，也就是量不出來的意思
0：沒有電阻

(2) 數位型：(數字型)用此電錶就可測量出電壓值與電阻值，直接由數字顯示出來，而且比較精良的，還可以測量(電流)10 到 15 安培，若萬一要量電壓卻把選擇鈕放在“電阻檔”不會像“指針型”會燒掉保險絲或三用電錶，而會顯示警告使用錯檔。體積也不小，價格不便宜，從 1 仟多元到上萬元都有。最大缺點，數字會跳動。

(3) 數位筆記本型：外體與一具攜帶型小計算機尺寸一樣，攜帶方便，放在衣袋或口袋隨時可以應付測量，價格在一、二仟元左右，惟一缺點，測試棒很短，有時要測線路不夠長，要再接一條線，還有數字會跳動。

(4) 綜合評語：以個人的需求與經濟考量做標準，然後去選擇其中一型來做幫手。

(5) 使用注意事項：三用電錶不用時，要將選擇鈕放在(OFF)或 ACV 1000V 處，才不會使內部電池很快沒電。也不可以使用(Ω)電阻檔去量測 ACV 交流電壓，否則電錶會燒壞。

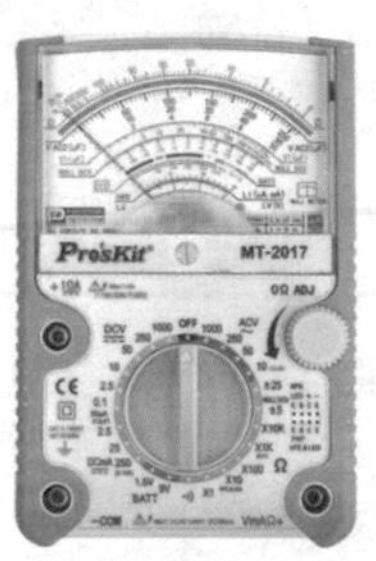

(a) 指針型

(b) 數位型

圖 4-20

指針型(內部電路圖)
(如果您看了很頭大，請當做沒看，因爲不會教到這些)

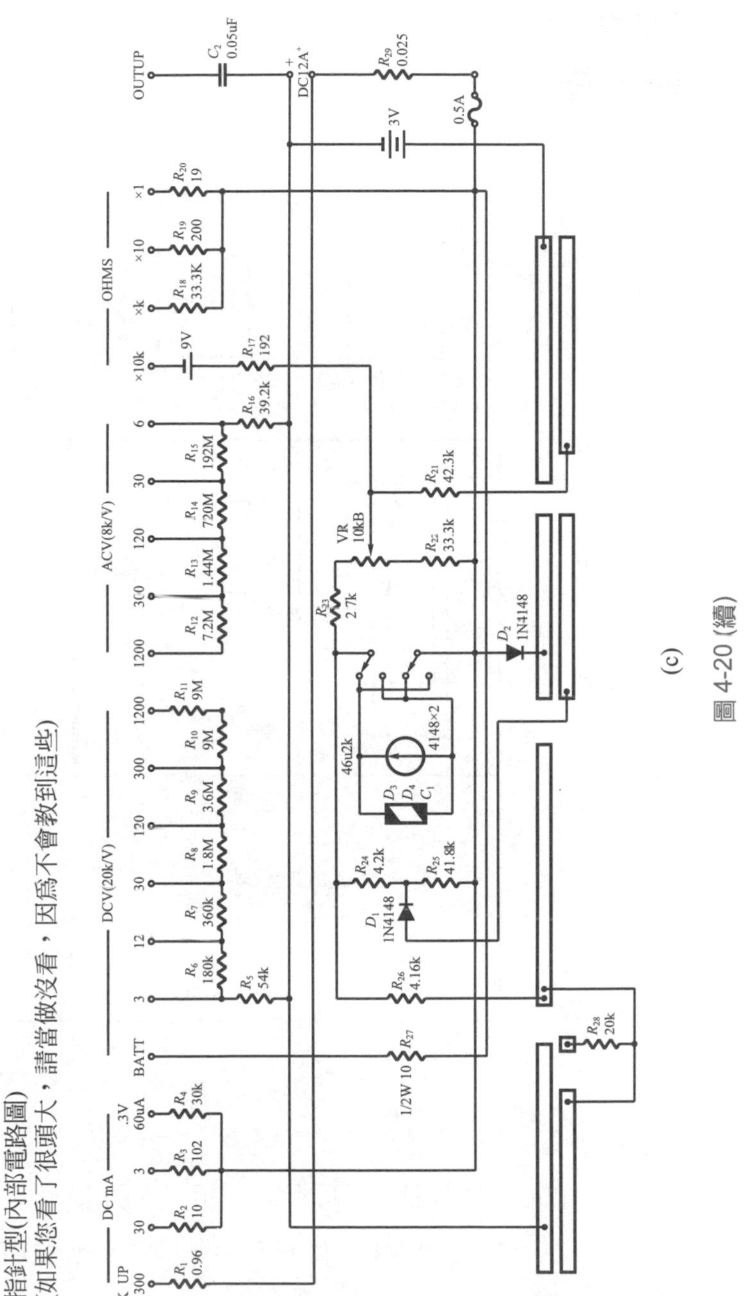

(c)

圖 4-20 (續)

3. 三用電錶的使用(測試)：剛買回來的三用電錶，我們要按照順序把三個乾電池裝進去，才能使用。如圖 4-21 所示

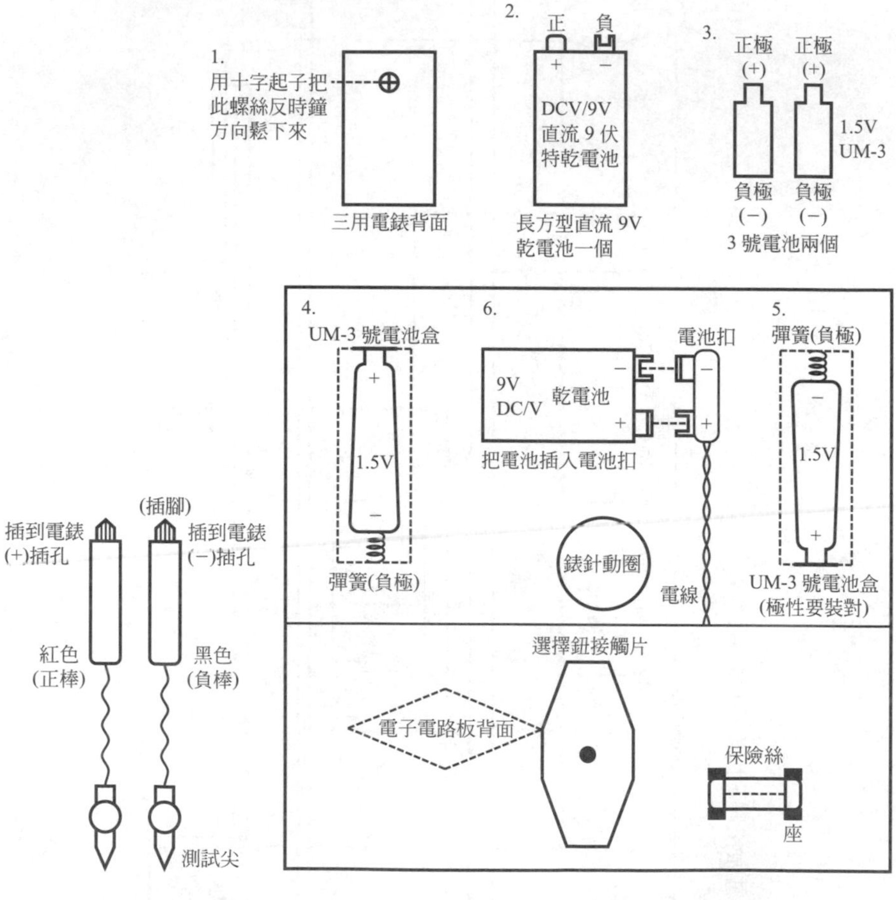

1. 用十字起子把此螺絲反時鐘方向鬆下來
三用電錶背面

2. 正 負
DCV/9V 直流 9 伏特乾電池
長方型直流 9V 乾電池一個

3. 正極 (+) 正極 (+)
1.5V UM-3
負極 (−) 負極 (−)
3 號電池兩個

4. UM-3 號電池盒
1.5V
彈簧(負極)

6. 電池扣
9V DC/V 乾電池
把電池插入電池扣

5. 彈簧(負極)
1.5V
UM-3 號電池盒 (極性要裝對)

錶針動圈
電線
選擇鈕接觸片
電子電路板背面
保險絲
座

(插腳)
插到電錶(+)插孔
插到電錶(−)插孔
紅色(正棒)
黑色(負棒)
測試尖

圖 4-21

【說明】新買的指針型三用電錶，盒子附有使用說明書外，並有紅黑測試棒一組、3 號乾電池 2 個，長方形直流 9V(伏特)乾電池 1 個，預備玻璃管保險絲 1 只。

⑴先把三用電錶翻到背面，在上背部有一個十字形螺絲，用十字起把它反時鐘方向鬆下來，螺絲要收好，然後用雙手把錶縫接合處扳開，就會看到電錶整個內部。

⑵把 DC/9V 乾電池(包裝紙拆掉)按照圖式正對正，負對負扣入並置放回去，如果位置不對，後蓋無法裝回，要注意！

⑶把DC/3號電池1.5V兩個，按照圖的極性正確的裝進電池盒內，有彈簧的是(－)負極。

⑷裝妥後，按照拆開的方法，再把錶蓋合併，並鎖回十字形螺絲，大功告成。

⑸介紹測試方法，測試棒有沒有？

4. 三用電錶的測量

⑴ 測量前的校正，三用電錶為取得精確值，在使用之前，要先做兩面校正。

① 首先我們看三用的指針，是否停在倒8(∞)電阻無限大的位置，如果超前，使用小支的一字起子在圖4-22的虛線a點反時鐘方向調整⊖至無限大"∞"的位置。如果不到(∞)無限大而落後，則使用起子順時鐘方向，把它調至無限大位置⊖。

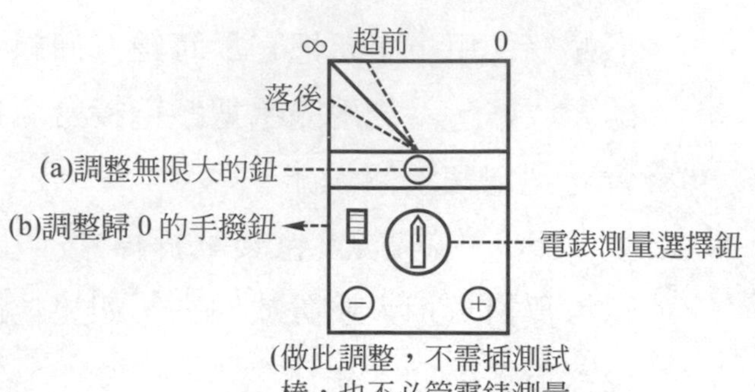

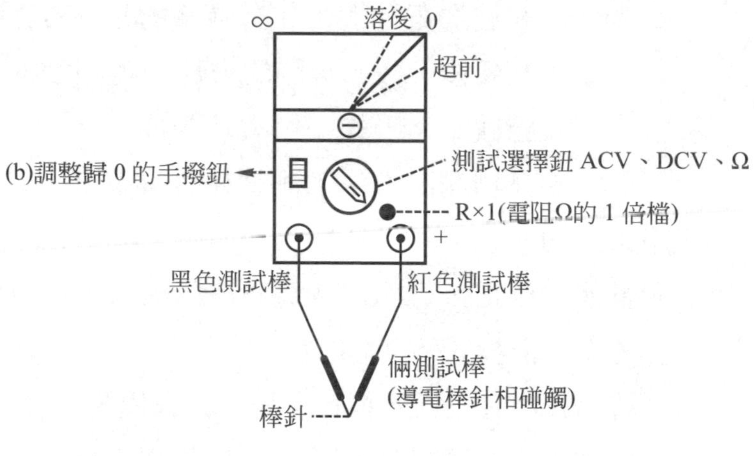

圖 4-22

② 接著我們要來做指針歸 0 的校正，圖 4-22 把紅色測試棒插在三用電錶右下角(+)的插座去，把黑色測試棒插到左下角的(−)插座去。再把測選擇鈕轉到電阻(Ω)最低檔 R×1(1 倍的位置)。然後把紅黑兩支測棒的棒針相碰觸，指針就會移到往“0”的位置，若指針超前，則用手指在圖示(b)點的手撥開關往下撥，若指針落

後，就把指撥開關往上撥，直至指針正確歸0爲止。

⑵ 怎樣測量交流電壓(AC、V)

① 測量交流電壓(屬活電作業)一般稱爲動態，也就是線路可能是已經有電流。測量電壓要特別注意。要從高電壓量到低電壓，才不會使電錶燒掉。因爲若測量的線路開關或插座是AC/220V的電壓，而你用120V的檔去測量，內部的電子零件就會燒燬；如果你高估它，用AC/300V檔去測量就不會了。如圖4-23所示。

② 若對已知的電壓，就可以直接定檔，就像已知家內是用交流電壓110V，那這就把三用電錶選擇鈕，轉到ACV 120V處，然後紅棒插(＋)，黑棒插(－)。

③ 接著把三用電錶測試棒，1支對1線，如紅碰火線，黑碰地線，就可以知道無熔絲開關或座是否有電壓。如果有則指針會指示AC/110V的位置。

④ 以這個方法，可以量測到AC/220V，因爲家庭內不可能有超過AC/220V的線路電壓。

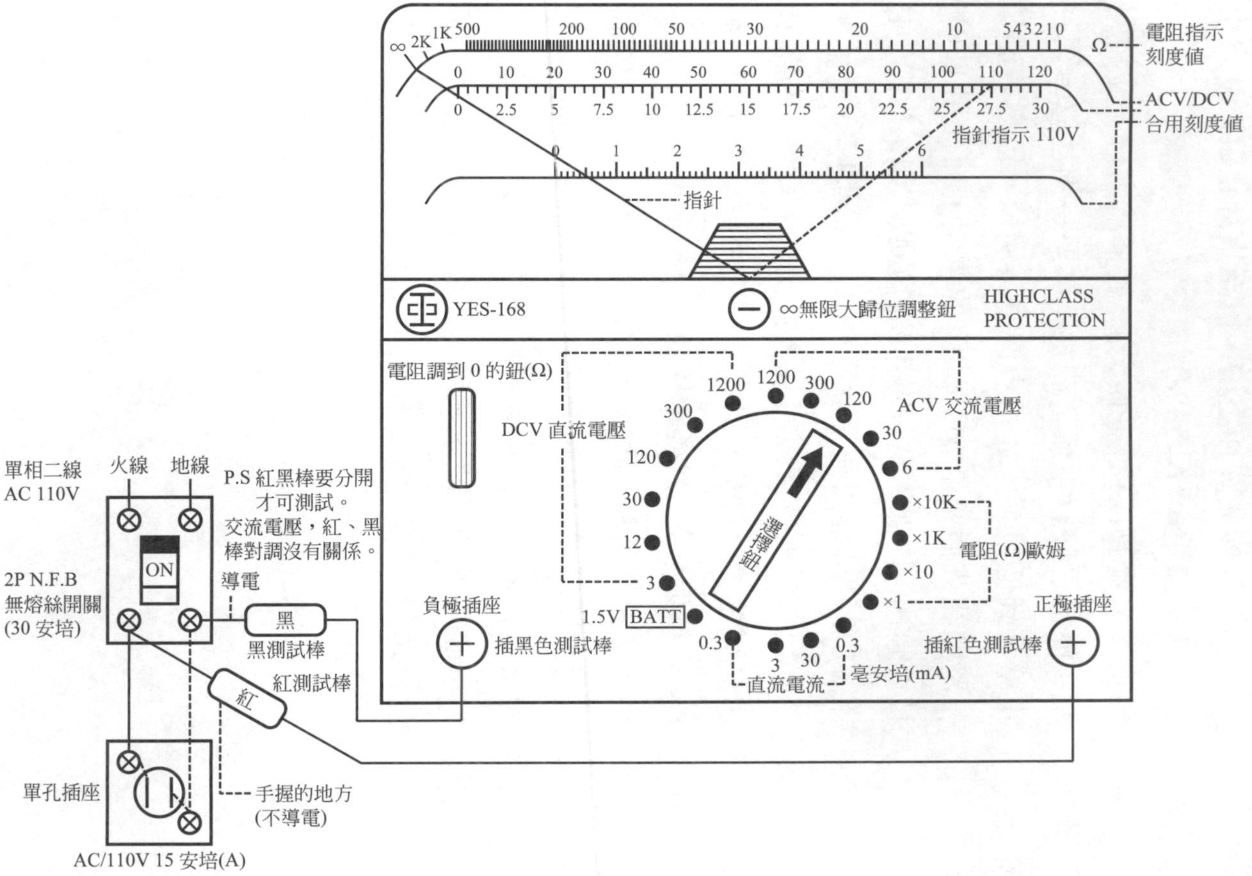

電阻指示刻度值

ACV/DCV 合用刻度值

指針指示 110V

指針

YES-168

∞無限大歸位調整鈕

HIGHCLASS PROTECTION

電阻調到 0 的鈕(Ω)

DCV 直流電壓

ACV 交流電壓

電阻(Ω)歐姆

選擇鈕

1.5V BATT

直流電流

毫安培(mA)

負極插座

插黑色測試棒

正極插座

插紅色測試棒

單相二線 AC 110V

火線

地線

2P N.F.B 無熔絲開關 (30 安培)

ON

P.S 紅黑棒要分開才可測試。交流電壓，紅、黑棒對調沒有關係。

導電

黑

黑測試棒

紅

紅測試棒

單孔插座

手握的地方 (不導電)

AC/110V 15 安培(A)

圖 4-23

⑶ 怎樣測量直流電壓(DC、V)

所謂直流電壓，就是我們日常在用的乾電池(呼叫器、行動電話、電子鐘以及機車或汽車內的電池)，那用到沒電就要換新，或用到沒電就要充電的電瓶，都是屬於直流電壓，因爲它電流流通的方向是一直線，所以叫直流電壓。

① 測量注意事項：直流電壓有分正極與負極，正極以(＋)，負極以(－)代表，也就是說三用電錶的紅測試棒是量正極＋，黑測試棒是量負極－，萬一量測錯誤，指針會撞向左邊很容易使電錶指針撞壞，遇此情形，把紅黑棒對調即可。一般乾電池或電瓶都有標示直流電壓，所以就選適合的測量檔，來測試直流電壓多少即可。

② 測量方法：先將紅棒插到電錶的(＋)，黑棒插到電錶的(－)，然後，因爲已知圖4-24是一個汽車用的直流電壓電瓶(DCV/24V)所以就直接把電錶選擇鈕轉到(DCV/30V)的位置，紅棒碰電池(＋)黑棒碰電池(－)，電錶的指針就會指示在DCV/24V的位置。

③ 如果要量如圖4-24 1號乾電池，則要將電錶轉至DC、V3V，因爲這個乾電池只有1.5伏特，同樣紅棒碰＋，黑棒碰－，就可以量出電壓來了。

④ 測量的乾電池或充電瓶原來24V，測出才20V或是原來1.5V，測出來才1.3V那表示電壓乾電池要換新的，而充電電池要充電了。

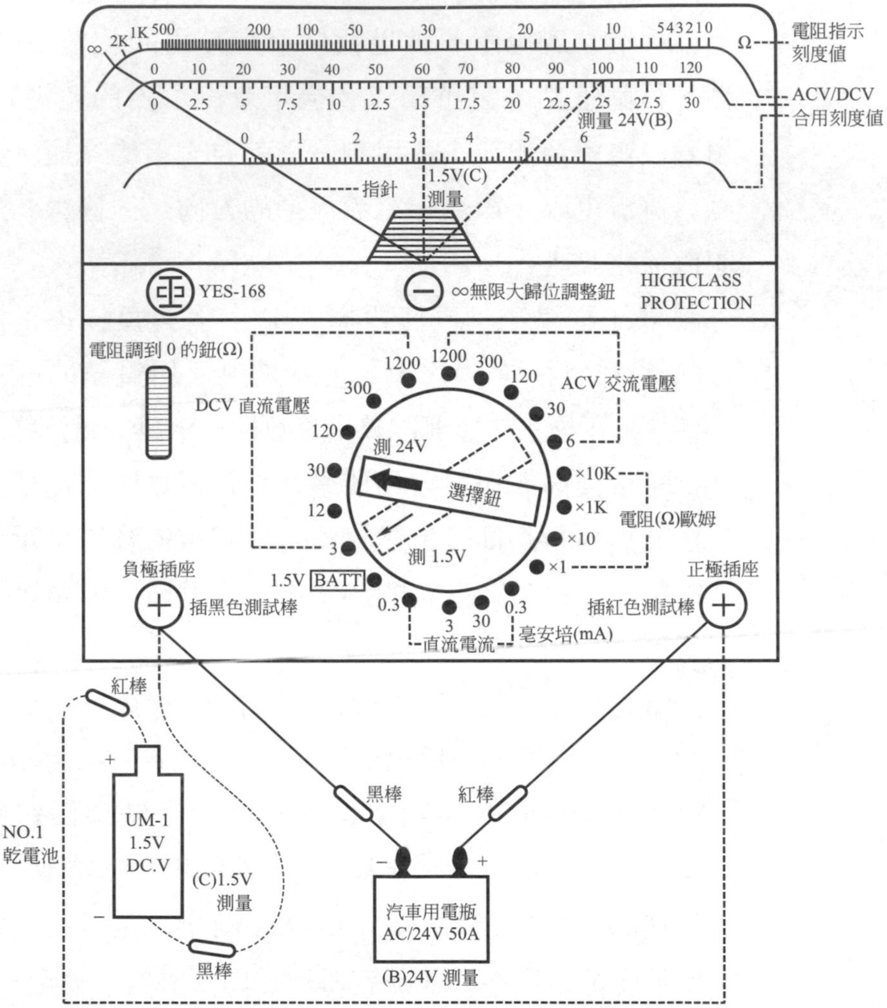

∞
2K
1K
500
200
100
50
30
20
10
543210
Ω
電阻指示
刻度值
0
10
20
30
40
50
60
70
80
90
100
110
120
ACV/DCV
0
2.5
5
7.5
10
12.5
15
17.5
20
22.5
25
27.5
30
合用刻度值
測量 24V(B)
0
1
2
3
4
5
6
1.5V(C)
測量
指針
YES-168
∞無限大歸位調整鈕
HIGHCLASS
PROTECTION
電阻調到 0 的鈕(Ω)
DCV 直流電壓
1200
1200
300
120
ACV 交流電壓
300
30
120
6
測 24V
30
×10K
選擇鈕
12
×1K
電阻(Ω)歐姆
3
×10
測 1.5V
×1
負極插座
1.5V BATT
正極插座
0.3
3
30
0.3
插黑色測試棒
插紅色測試棒
直流電流
毫安培(mA)
紅棒
+
UM-1
1.5V
DC.V
NO.1
乾電池
(C)1.5V
測量
−
黑棒
黑棒
紅棒
−
+
汽車用電瓶
AC/24V 50A
(B)24V 測量

圖 4-24

(4) 怎樣測量電阻

使用三用電錶(歐姆檔)即"電阻"，除了可以測量使用的電器是好壞，並可以量測電線有沒有斷線。不論是任何電器產品(電阻性、電容性、電感性)器具的好或是壞，都可以(電阻)來做判斷。

① 測量注意事項：測量電阻是屬靜態，也就是沒有電壓、電流的時候。若使用電阻檔去量電壓(尤其是交流電壓AC、V)電錶會燒壞。量電阻要從小量到大，也就是從(R×1)倍，(R×1K)1000倍，(R×10K)10000萬倍，爲甚麼？因爲有的電器設備電阻很低，你一下子就用(R×10K)1 萬倍去量它，會造成誤判，而把好的當成壞的，就把它丟掉了，非常可惜。電阻小，電流大；電阻大，電流小，請一定要記住。

② 測量電阻：一個電燈泡好壞，並不是像一般水電師父拿著在耳邊搖，聽聲音就說這是好的，而那些是壞的，依據筆者的經驗，我就在這些被丟掉的電燈泡，使用三用電錶測量，撿回來至少一半。

接著，我們來測量這個電燈泡是好的或是壞的。一樣紅棒接"＋"，黑棒插"－"，把選擇鈕轉到電阻(歐姆)檔最低檔，(R×1，1倍)，然後紅棒碰電燈泡陽極，黑棒碰陰極，電阻值馬上指示出來。喔！是 30 的位置，因爲是用在1倍(R×1)，所以就是(30Ω)，如果用在(R×10)＝30×10＝300Ω，有電阻電燈泡好的(要從R×1量到R×10K爲止)如果都量不出電阻那表示電燈泡燈絲已經燒掉了。如圖 4-25 所示。

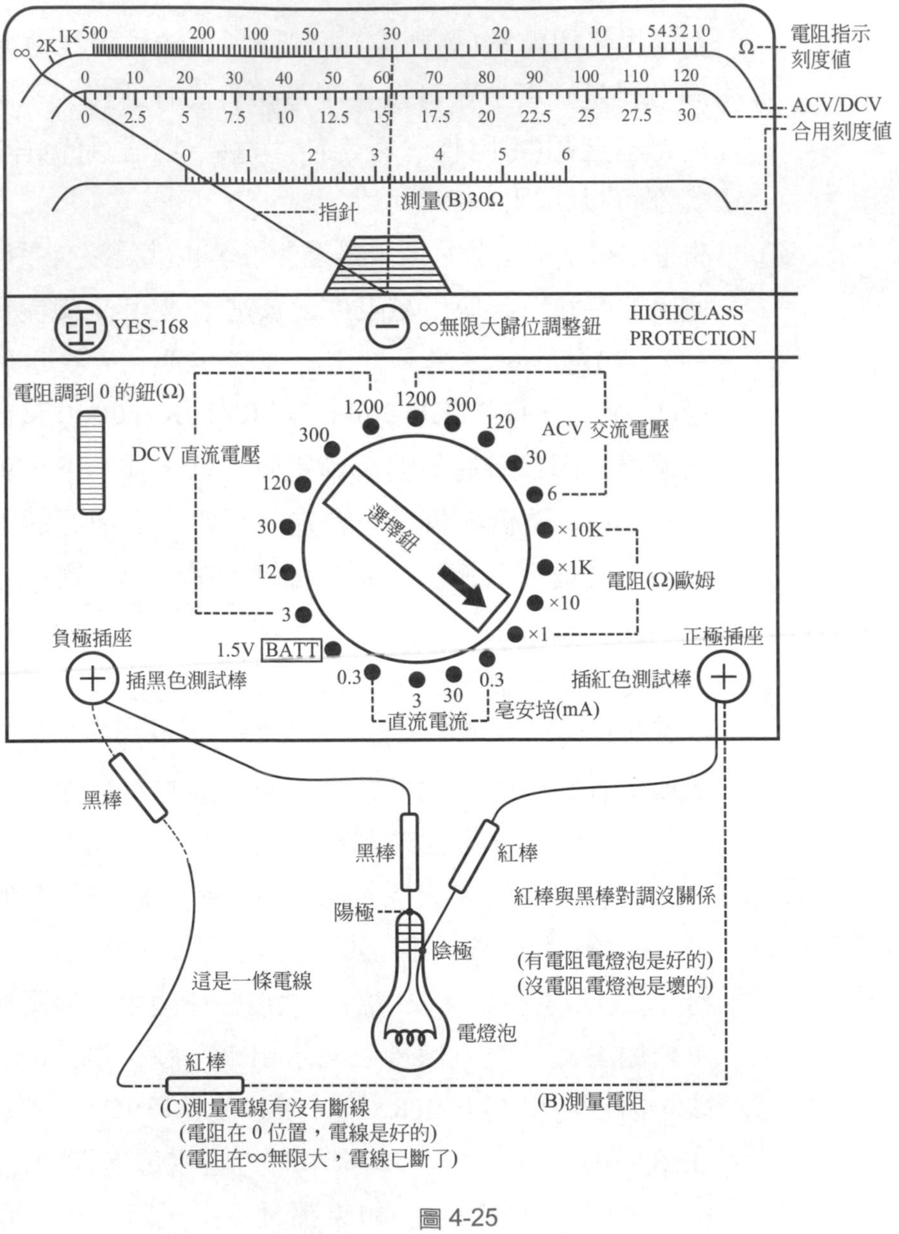

∞ 2K 1K 500 200 100 50 30 20 10 5 4 3 2 1 0 Ω 電阻指示刻度值

0 10 20 30 40 50 60 70 80 90 100 110 120

0 2.5 5 7.5 10 12.5 15 17.5 20 22.5 25 27.5 30

ACV/DCV 合用刻度值

0 1 2 3 4 5 6

指針

測量(B)30Ω

YES-168

∞無限大歸位調整鈕

HIGHCLASS PROTECTION

電阻調到 0 的鈕(Ω)

DCV 直流電壓

1200 300 120 30 12 3

ACV 交流電壓

1200 300 120 30 6

選擇鈕

×10K ×1K ×10 ×1 電阻(Ω)歐姆

1.5V BATT

0.3 3 30 0.3

直流電流 毫安培(mA)

負極插座 插黑色測試棒

正極插座 插紅色測試棒

黑棒

黑棒

紅棒

紅棒與黑棒對調沒關係

陽極

陰極

(有電阻電燈泡是好的)
(沒電阻電燈泡是壞的)

這是一條電線

電燈泡

紅棒

(C)測量電線有沒有斷線
(電阻在 0 位置，電線是好的)
(電阻在∞無限大，電線已斷了)

(B)測量電阻

圖 4-25

③ 測量電線有沒有斷：要測量電線有沒有斷，一樣紅棒插(+)黑棒插(−)，選擇開關放在R×1，R×10，R×1K，R×10K都可以，因爲我們只是要量通或不通電，所以任何一個電阻檔都可以。如果紅棒與黑各碰一端而指針是在 0 的位置，表示此電線是會通電好的。如果指針是在倒 8(∞)無限大，那就表示電線已斷了。如圖 4-25 所示。

十七、電流錶的功能與使用

1. 功能：雖然鉤型電流錶，亦有量(ACV)交流電壓及歐姆(電阻)的功能，但是因爲使用的習慣，以及其電阻值，有效範圍並不是很大，所以基本上，仍是被拿來測量電流之用。線路及電器設備的安全與情況如何，除了測試絕緣，不導電；另外的方法就是量測電流來判斷好壞安全標準。

例如：家內的插座使用 2mm 的電線兩條，其額定電流是 20 安培(A)。若用鉤型電流錶去測量低於(20 安培)就算安全，高於(20A 安培)就是超電流(過載)線路是危險不安全的。或是電冰箱使用書上註明是最高負載(電流)是 10 安培(A)，若用電流錶去測量，低於 10 安培(A)就是安全，高於 10A(安培)就有問題。

所謂負載，LOAD就是指使用的電器安全電流，超過安全電流值，就是過載(OVER LOAD)。

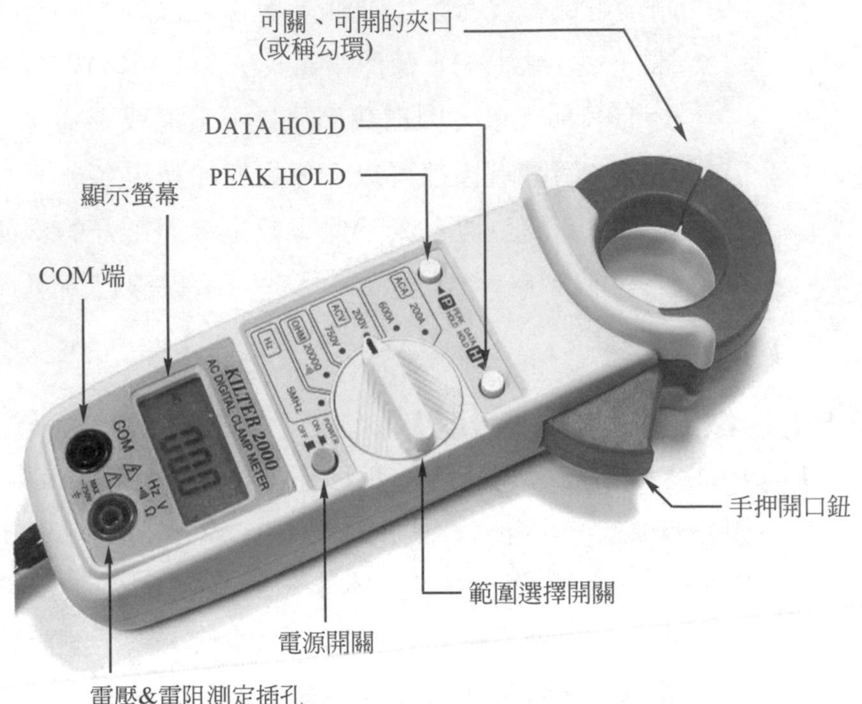

圖 4-26

2. 使用方法：鉤式電流錶，電流的測量範圍很廣，但是用在家庭的電流不大，大約30A。所以看圖示4-26這一類型可量到300安培(A)已足足有餘。

而量測電流一次只能量一條線，才會有電流指示，先預定電流檔，譬如家庭電流小，就用 60A 的檔，押開口鈕，電流夾口就會打開，把電線放進夾口內，放掉開口鈕，因爲電流錶的夾口就是一組電流線圈，所以你電線所使用的電流多少，就會被線圈感應而指針走到使用刻度值去。

 十八、檢電器(檢電起子、驗電筆)

一般在家庭中，要檢查線路、插座是否有電壓，除了使用三用電錶，我們可以隨身攜帶一支小型檢電起子或驗電筆，來測試是否有電壓。而家庭使用是低壓(300V)以下，在普通水電材料行就可以買得到，而且很便宜。它的構造如圖 4-27 筆尖是導電金屬，串聯一個氖燈及一個電阻(1MΩ左右)在底部有一個彈簧頂著，再來就是一個導電的筆夾，然後整支筆被透明的筆管內裝著，當我們手握著筆夾去接觸電線插座時，藉著人體的導電，而使氖燈燈管電壓上升，並發出光芒，電壓如果越高，氖燈會更亮。但是請注意，使用檢電起子與驗電筆，一定要限制在 300V 以下，否則仍會有觸電的危險。測試時，不可戴塑膠手套或棉製手套，要使用空手才能測光出來。而所觸的電線或插座，會亮就表示有火線電壓，至於地線則不會亮，更不會觸電。

目前市場上更有比較特殊的檢電器或驗電筆，當量測如果有電壓氖燈會閃爍或發出聲音的。

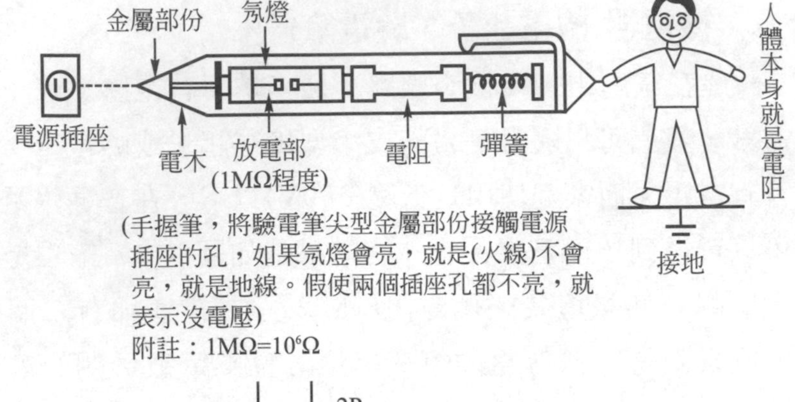

(手握筆，將驗電筆尖型金屬部份接觸電源插座的孔，如果氖燈會亮，就是(火線)不會亮，就是地線。假使兩個插座孔都不亮，就表示沒電壓)

附註：1MΩ=10^6Ω

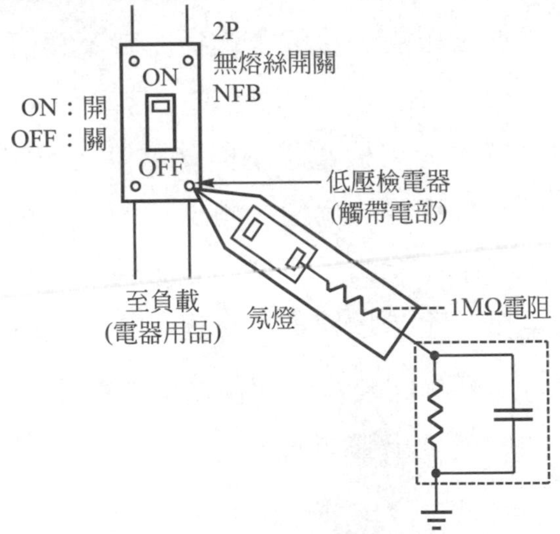

人體阻抗等效圖

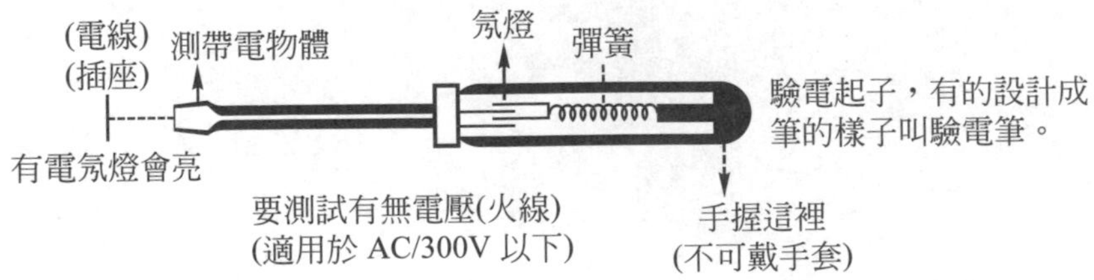

圖 4-27

十九、無熔絲開關

1. 構造與外觀：如圖 4-28 它的外觀是使用黑色的電木做絕緣(不來電)，目前有 1P(管一條線)、2P(管兩條線)、3P(管三條線)三種，而電流容量在家庭用總開關最大的電流用到 50 安培(A)普通的總開關是 30 安培(A)，而插座的分路開關使用 1P 20 安培(A)，照明的開關使用 1P 15 安培(A)。要看用戶所施配及申請的用電容量而定。大型的稱爲(NF.TYPE)小型的稱爲(BH.TYPE)。

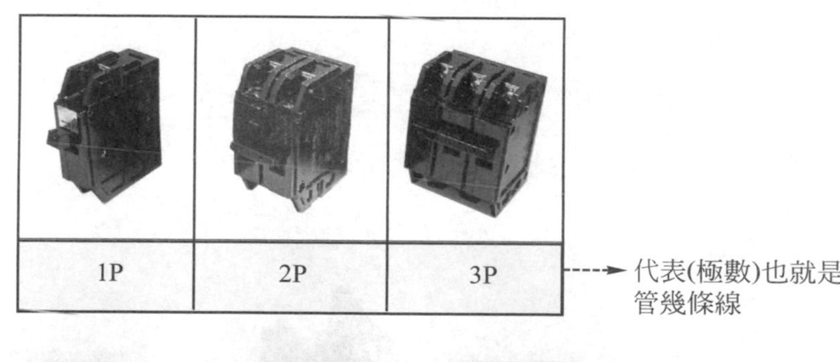

圖 4-28

2. 功能與優點：無熔絲開關的主要功能，就是當使用的線路過載，電流很大時或是短路現象，甚麼叫短路？就是火線與地線碰觸在一起，會造成開關跳脫，嚴重時，電線的PVC絕緣皮會因過熱而燒起來，造成火災。而無熔絲開關如果是很精良，而且所選用的規格又是符合安全電流的話，當線路過載或短路時，因其內部有雙金屬片，因發熱而產生彎曲，會自動把無熔絲開關頂開跳脫。而遇此情形必須檢查線路及用電設備，才可再送電，因爲不要換保險絲，目前所有的家庭大都使用此型開關來做總開關及分路開關。至於內部構造及跳脫原理，請看圖 4-29 所示。

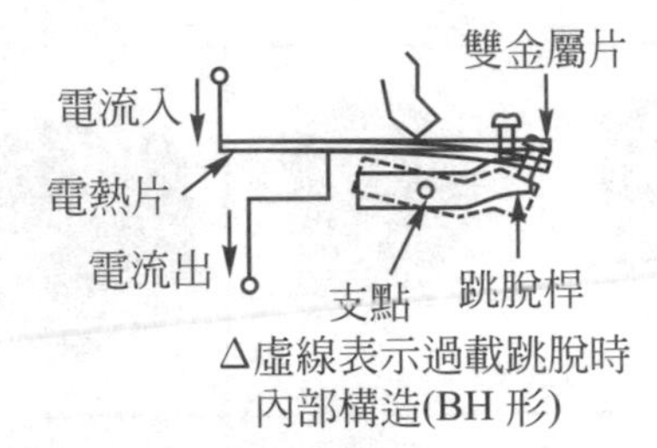

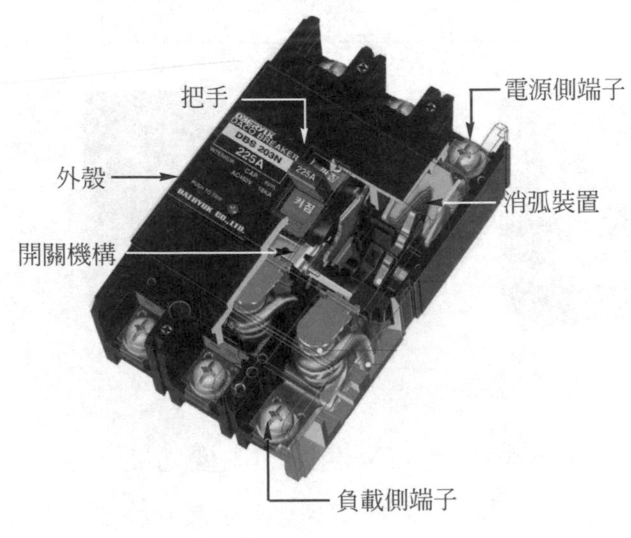

圖 4-29

3. 跳脫後的處理：N.F.B 不管總開關或分路開關跳脫，務必要查出過載或短路的原因，才考慮再送電。一般故障跳脫時，開關柄會卡在中間，如圖 4-30，需先用手大力往下扳，讓它回復到開關的位置(OFF)，然後再往上扳至(ON)的位置，才能恢復供電。

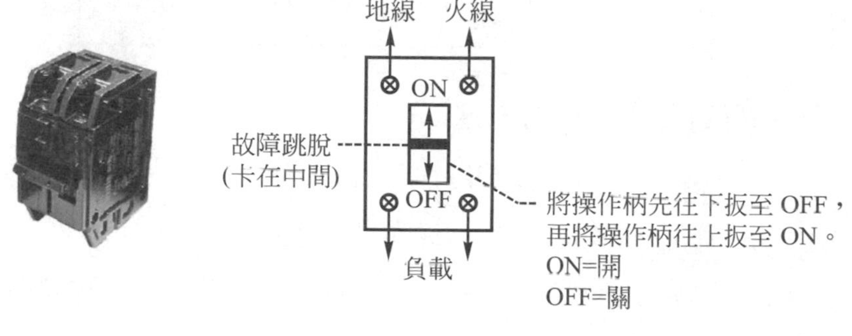

圖 4-30

4. N.F.B 規格分別爲：

㈠ 極數 1P、2P 可使用在單相 110V 及單相 220V，3P 可使用在三相的工業用電壓源。

㈡ 框架電流(AF)NFB 內部接點合金，可以通過最大的電流。有 50AF、100AF、225AF，不同規格。

㈢ 跳脫電流 AT 爲 NFB 內部雙金屬片，因線路發生過載時，使雙金屬片發熱而產生跳脫現象的電流值，有 15AT、20AT、30AT、40AT、50AT、60AT 及 100AT 等的規格。

㈣ 短路啓斷容量IC有5KA、7.5KA、10KA及15KA，如表4-3所示。

表4-3

電壓 1ϕ 110/220V

	30AT 以下(含)	60AT 以下(含)	100AT 以下(含)	100AT 以上
短斷路容啓量	4KA	7.5KA	10KA	15KA

二十、閘刀開關(簡稱K.S)

此型開關，如有二片閘刀叫2P(即管兩條線)、3P(即管三條線)，一般家庭如單相110V或單相三線式220V/110V，都使用2P的閘刀開關爲主。如圖4-31其外觀體。而電流有不同容量的，需選擇適合的規格來使用，譬如說，電線是2mm(可用至20A安培)則閘刀開關可用(2P 30安培)，只要在開關內部的保險絲不要超過使用電流量即可。

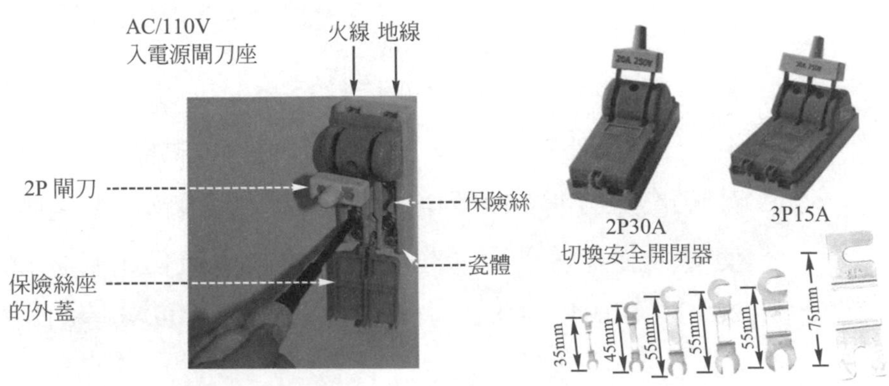

圖4-31

 二十一、配電圖識別

圖型	器具與設備說明	圖型	器具與設備說明
	分電箱	J	兩聯四角型接線盒有鐵及塑膠製兩種
	總配電箱	G	端子板，就是接線使用接線端子壓接後的固定板。
S_1	單切開關	G	接地型單孔插座
S_3	三路開關	G	專用型接地單孔插座
	N.F.B 2P 無熔絲開關	TV	電視專用插座(電纜線)同軸有 3C、5C 兩種。
	1P 無熔絲開關	T	電話專用插座
	3P 無熔絲開關	BELL	電鈴
	2P 閘刀開關		三孔明插座
	3P 閘刀開關	V	交流電壓錶

圖 4-32　配電圖識別

圖型	器具與設備說明	圖型	器具與設備說明
	線型 保險絲	A～	交流電流錶
||	單孔插座	V	直流電壓錶
	附接地型插座	A	直流電流錶
L	電燈泡	電線(2) 電線(1)	電線跨過不相接
	日光燈管	電線(1) 電線(2)	電線連接，以·黑點表示
S	STARTERSS 日光燈起動器 (點燈管)有：1P (10W) 2P(20W、30W)、		電阻器
J	八角型接線盒 (有鐵製及塑膠製)		電容器
J	長方型四角(單聯)接線盒，有鐵、塑膠	TV	電視機

圖 4-32 配電圖識別 (續)

二十二、配電設備附屬器材介紹

無熔絲開關(NO FUSE BREAKER)簡稱 NFB

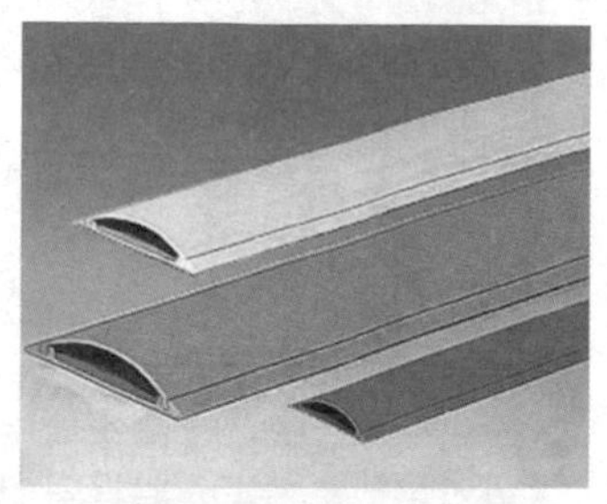

電線固定壓條大、中、小尺寸皆有，背面有膠墊可將電線固定在地板、壁面及桌面或天花板上。

1.接線槽(四方型)有活動蓋
2.電線固定壓條

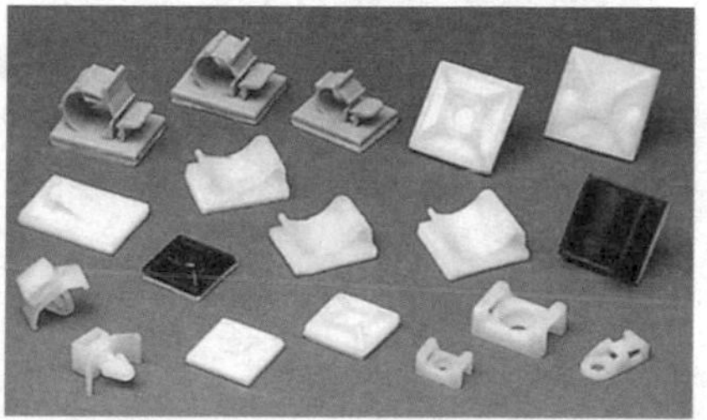

單條電線固定夾，背面有固定膠墊可粘貼，並使用紮線帶紮線。

冷氣與電冰箱的壓縮機

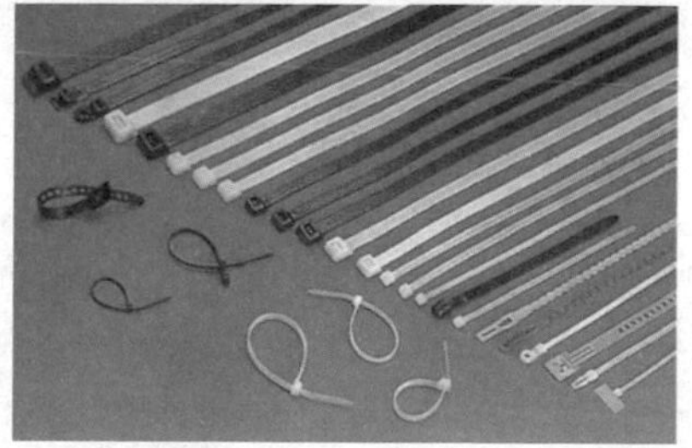

電線紮線帶，用來固定電線，一大把整成一束或紮在其他固定物上，帶尾套入紮孔一拉就像拉鏈一樣有牙卡緊紮住。有長短不同尺寸可選擇。

圖 4-33

 塑膠塞：所有的配電器具或小儲物架，浴室吊架先在牆壁用電鑽鑽洞，打入塑膠塞，再把要固定的器具對準中間的孔鎖上螺絲即可達到固定。	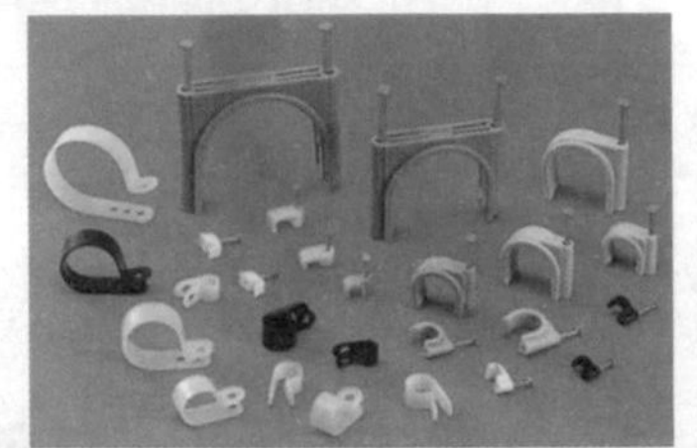 各型式電線、電纜、管子的固定夾(有的已附有鋼釘)

家庭用型冷氣機

吊掛式薄型空調機

吊掛豪華送風機

吊掛隱藏送風機

圖 4-33 (續)

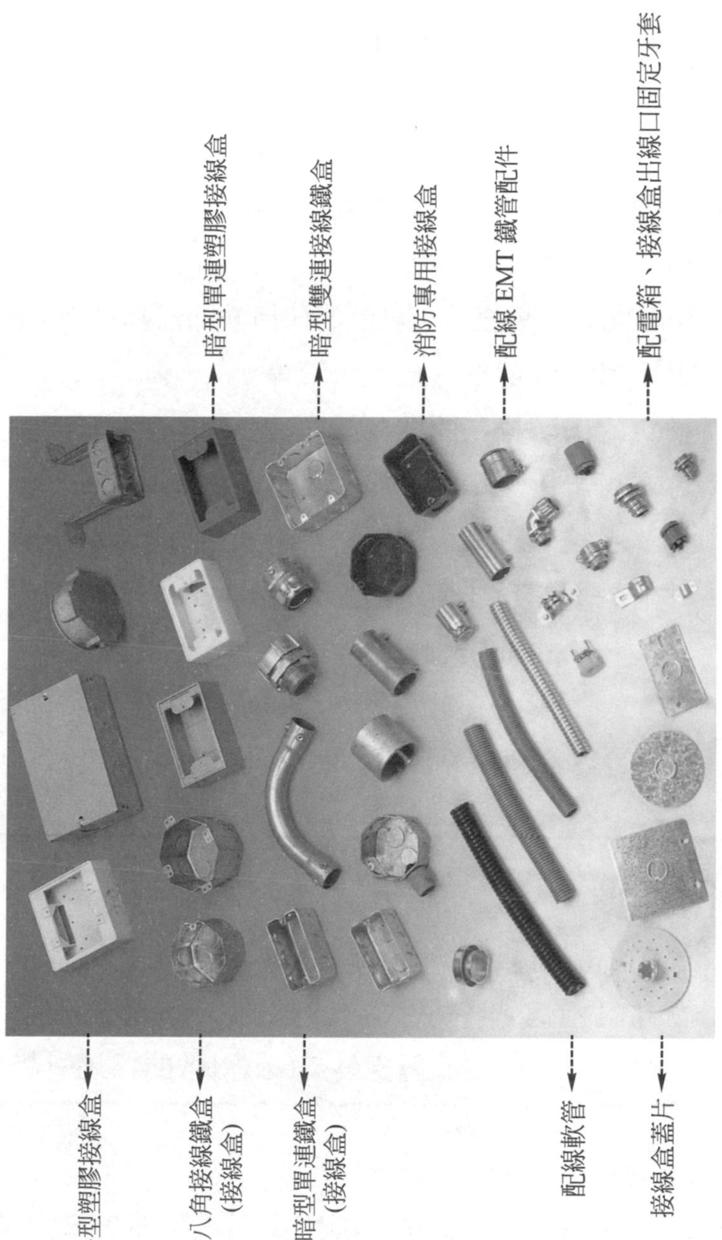
各型塑膠接線盒
八角接線鐵盒
(接線盒)
暗型單連鐵盒
(接線盒)
配線軟管
接線盒蓋片
暗型單連塑膠接線盒
暗型雙連接線鐵盒
消防專用接線盒
配線 EMT 鐵管配件
配電箱、接線盒出線口固定牙套

圖 4-34

 二十三、家庭電器設備的修護

1. 電器修護注意事項

⑴ 修理電器時，要先拔下插頭切斷電源後才開始。

⑵ 不要用濕的手去關閉電源或接觸電器。這點非常重要，絕不可疏忽。

⑶ 修理開關及插座時，身體的任何一部份都不要去接觸水、金屬體、濕地板、自來水管等。

⑷ 換新的保險絲，開關及插座時，務必要確定已切斷了電源方可著手。

⑸ 螺絲上緊，可減少故障一半以上。

【附註】修理任何電器故障，最快的方法，就是動態(有電的情況)，但是，這需要相當資深的技師，筆者在此篇內，儘量使用靜態(沒電情況)的方法來帶領大家如何來修理(家庭電路)。

甚麼叫做短路？

短路(short circuit)是指電源的導線不經負載而直接連通。此時由於導線的電阻極低，將發生甚大的電流，該電流可能使導線或電源供應燒燬，甚而由於導線外皮(絕緣體)的燃燒引起火災。

2. 插頭的修理

若使用三用電錶的(ACV)交流電壓檔，去測量電源插座，結果發現插座有 AC/110V 的電壓，但是“電風扇”或

其他任何電器卻不能有入電的現象，極有可能是插頭出了問題。解決的方法是，先將插頭拔開斷電。然後先將插頭的外蓋螺絲鬆掉並分開插頭。若是電線斷掉，則依圖 4-35 使用電工鉗或尖嘴鉗，把舊線剪掉，重新剝開電線 2 － 2.5 公分，並用手把電線捻緊，以免細線分開。參考圖 4-35 ① 到⑥施工。

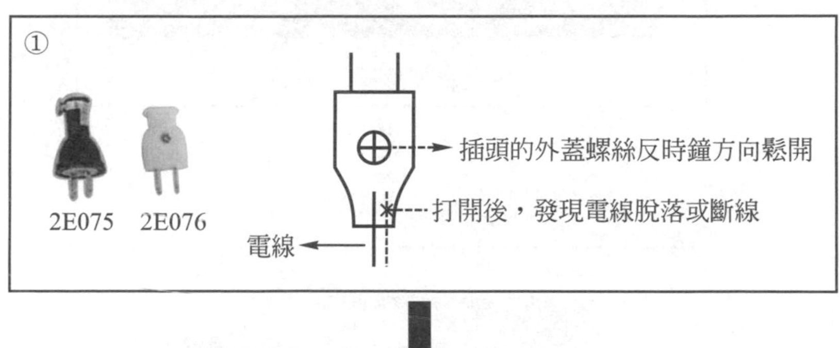

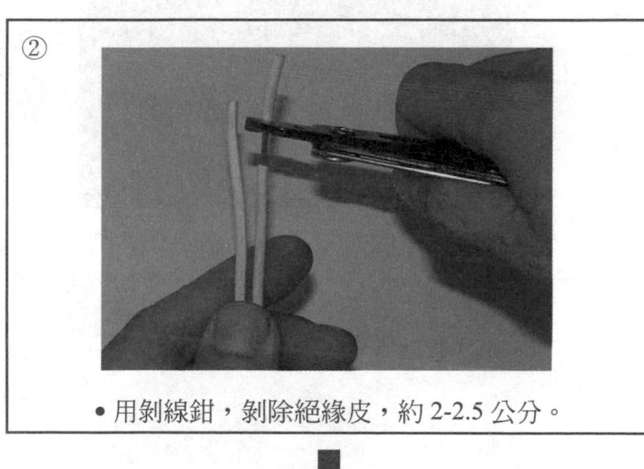

• 用剝線鉗，剝除絕緣皮，約 2-2.5 公分。

圖 4-35

③

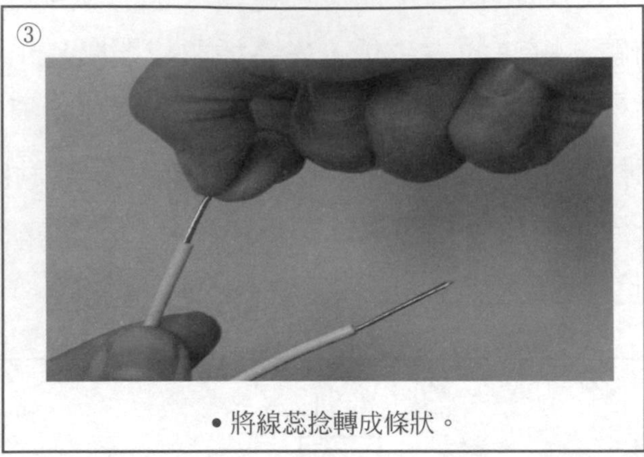

• 將線蕊捻轉成條狀。

④

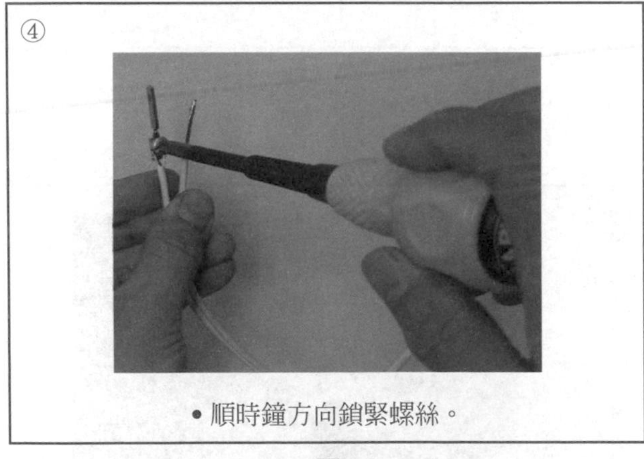

• 順時鐘方向鎖緊螺絲。

圖 4-35 (續)

⑤

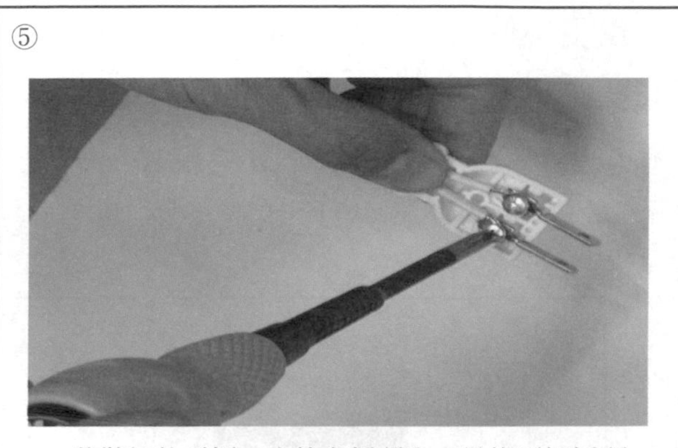

• 將裝好的電極，安放在插頭內，最後再把插頭的蓋，蓋合並鎖上螺絲就大功告成了。

⑥

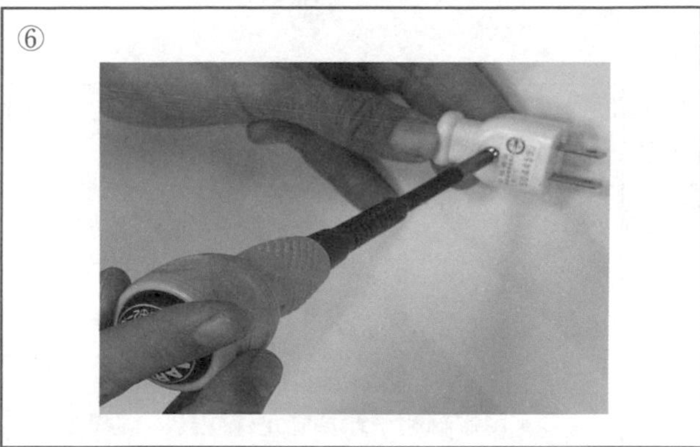

圖 4-35 (續)

3. 保險絲的換修

爲了不使電流超載，發生電線走火，通常在開關、燈頭或插座上都裝有保險絲。當保險絲燒斷後，應找出原保險絲規格，予以換裝。所謂原規格，就是一樣粗細(電流量)的意思。如圖 4-36 ①到④施工。

①

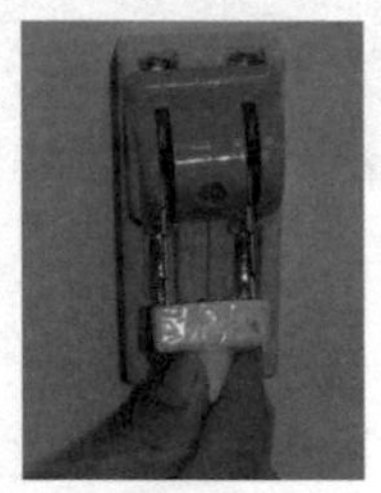

1.將總開關的電源切斷。
2.並打開閘刀開關下面的保險絲座外蓋。

②

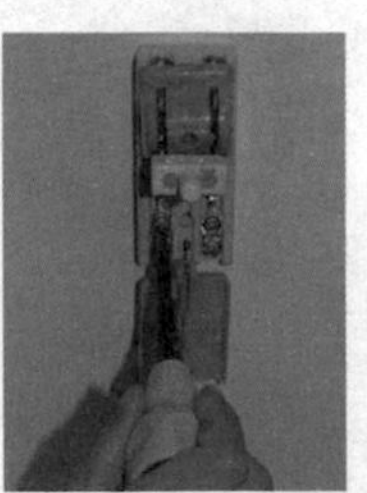

• 用螺絲起子鬆掉固定保險絲的螺絲，再用尖嘴鉗取出燒斷的保險絲。

圖 4-36

③

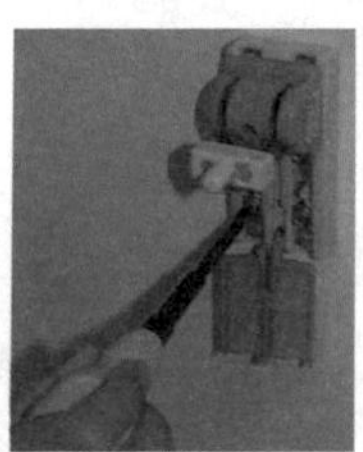

- 選擇適當粗細的保險絲，順時鐘方向，繞在螺絲上，並鎖緊螺絲。
  如有多出的保險絲要剪掉，最後蓋上閘刀開關的保險絲座外蓋，送電試看看。
  記住保險絲絕不可用鐵線或銅線來代替否則一旦短路，電線走火，後果不堪設想。

④

- 接通電源後，如保險絲又立刻燒斷，可能是線路(插頭或開關)有短路現象，找出原因再換裝或請水電技工修理。

圖 4-36 (續)

4. 明插座修理及按裝的方法

⑴ 先用十字或一字起子把插座外蓋的固定螺絲鬆掉，然後與內部分開。

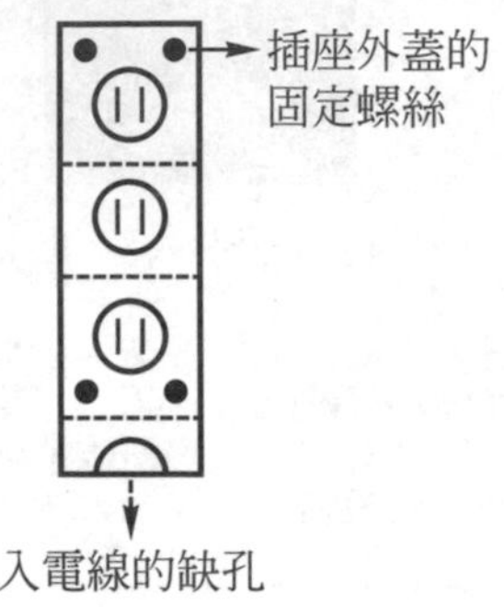

⑵ 剝絕緣皮，大約 2～2.5 公分(如果是絞線用手把它絞捻不要讓電線鬆散)。

(3)

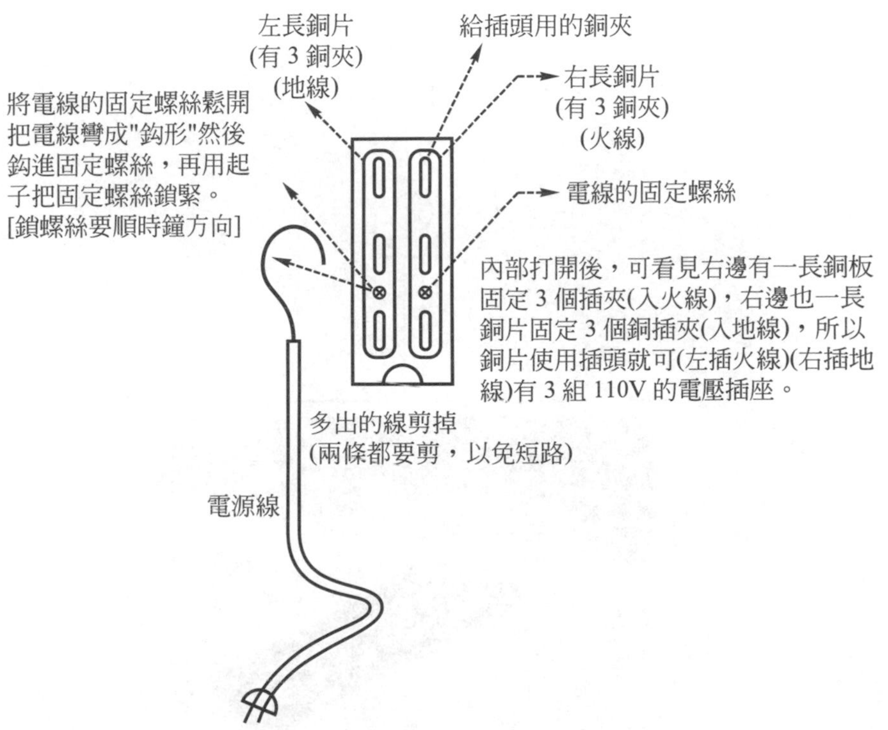
左長銅片
(有 3 銅夾)
(地線)
給插頭用的銅夾
右長銅片
(有 3 銅夾)
(火線)
將電線的固定螺絲鬆開
把電線彎成"鉤形"然後
鉤進固定螺絲，再用起
子把固定螺絲鎖緊。
[鎖螺絲要順時鐘方向]
電線的固定螺絲
內部打開後，可看見右邊有一長銅板
固定 3 個插夾(入火線)，右邊也一長
銅片固定 3 個銅插夾(入地線)，所以
銅片使用插頭就可(左插火線)(右插地
線)有 3 組 110V 的電壓插座。
多出的線剪掉
(兩條都要剪，以免短路)
電源線

(4) 最後把蓋與插座底座合併，鎖緊外蓋 4 只固定螺絲即可。

(5) 完成後的外體

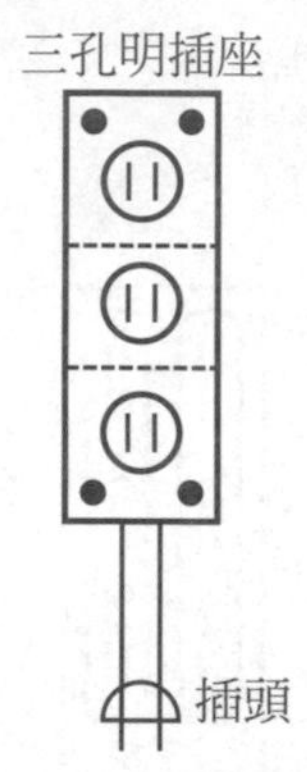

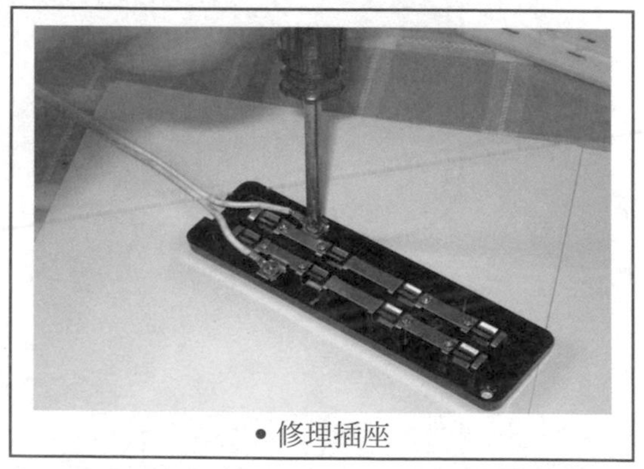

• 修理插座

5. 如何修理日光燈故障

目前家庭所用的日光燈具，從 10W、20W、30W、40W 為主，而日光燈具不論是吊掛式、吸頂式(即固定在天花板平面上)或美術燈型式，其構成都如以下所示圖 4-37 所示。一般 10W(瓦特)、20W、40W都是直的燈管，但是 30W 有直的和圓的。如圖 4-38 即“圓型燈管”。瓦特越高耗電量越大。

PS.要換日光燈管或電燈泡，一定要斷電以後再處理，避免觸電。

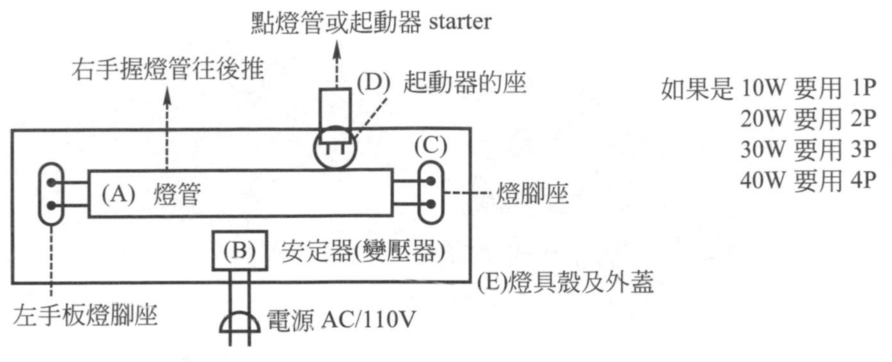

圖 4-37

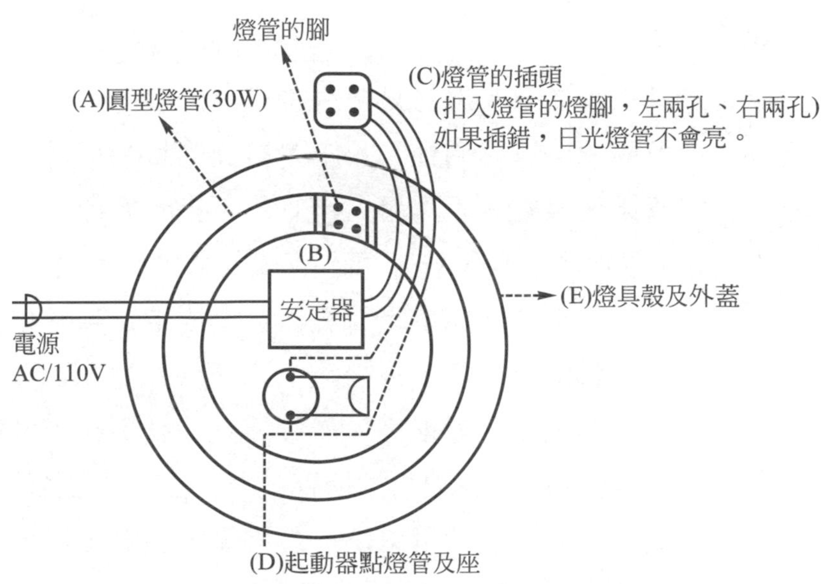

圖 4-38

(1) 日光燈具的構成

① 日光燈管。

② 安定器(變壓器)。

③ 燈腳座。

④ 點燈管或起動器及座。

⑤ 燈具殼及外蓋。

⑥ 電源線及接地線。

(2) 拆除燈管的方式：左手扳住燈腳座，右手握住日光燈管往後推出，即可卸下燈管。

(3) 更換點燈管的方法：手握點燈管的頭逆時鐘方向旋轉即可取出，要換新品先卡進腳座內“順時鐘”方向旋轉，不會鬆脫即可。

(4) 檢修的方法

① 其實維修日光燈具是一件很容易的事，有動態的維修及靜態的維修兩種。不論是幾瓦的日光燈具，如果燈管兩邊發紅，不用看，燈管已不良，換掉就好了。

② 燈管兩邊亮小一截，很簡單，是起動器不良，換掉即可。

③ 燈管開很久才亮或是會亮，甚至由暗逐漸轉亮，一樣換掉起動器即可，多少錢？10元。

④ 燈管換上去，變很亮，然後沒幾秒就不亮了，這是安定器已壞了，不要再換燈管，因爲換一根它就燒一根，看您有多少燈管可以燒。怎麼辦？換安定器，或整組換新(如果燈具不是很昂貴的)。

⑤ 打開開關日光燈都不亮，有三種可能：第一沒電源、第二開關壞、第三燈具出問題。正常來說，沒電源及開關壞比較少，一般都是燈具出問題較多。拔開燈管，然後使用三用電錶，如圖 4-39 使用電阻檔，量日光燈的燈絲有沒燒掉。左一組燈絲、右一組燈絲。

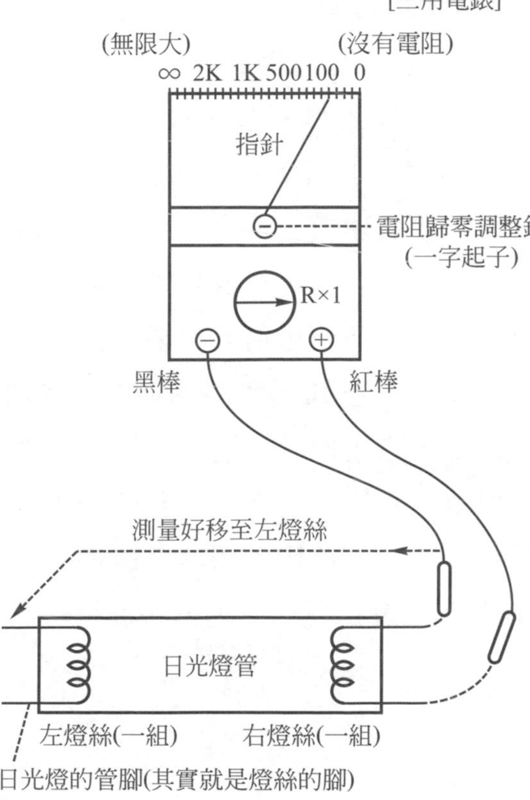

取出三用電錶，插入測試棒，紅插(+)，黑插(−)，將電錶選擇鈕轉到(電阻檔 R×1 位置)兩棒相碰調整歸零，測試才會準。如不明瞭，請參考第四章(4-33～4-46 頁)三用電錶的使用方法。

測試棒，棒尖碰觸燈絲腳不必分紅、黑棒測那一點都可以。測出有電阻，像錶指示在−−(100 歐姆)表示此燈絲是好的，接著把測試棒移至左邊測另一組燈絲，如果也有(100 歐姆)那表示燈管沒問題。若測出待結果是 0，先換 R×10、R×1K 看看，但每換一個電阻檔都要歸零，校正一次。結果，都是 0，燈絲已短路，沒用了。
測所有電阻檔都在倒 8(∞無限大)抱歉！燈絲已斷了，請換新。

圖 4-39

⑥ 若測試燈管沒問題再裝回，注意燈管的腳要確實插入燈腳座的點，有一些日光燈不亮，都是因燈管與燈座沒有插好所致。還不亮，換一個起動器(點燈管)看看，要記得40W要用4P的，不要弄錯。

更換了燈管及起動器，仍不亮，把燈具插頭拔掉，使用三用電錶測量燈具的插座有沒有電壓，交流110V，圖 4-40。如果沒有，那就是燈的開關壞了，把它換掉。如果測量有電壓那表示好幾種可能：斷線、燈腳座壞、起動器的座不良、以及安定器(變壓器)燒燬，一般會有臭味，假使是有電壓，換新燈管，新起動器仍不亮，我是建議，請水電行師父來協修，或乾脆換新。因爲換一個安定器或點燈管腳座、斷線處理，水電師父來一趟不要伍佰，也要八佰，而一具新燈具或許還比修理費還低，您說：有沒有道理。

⑦ 任何型式的日光燈，除了形狀及造型色彩不一樣，最主要的是拆除燈殼，有的是鎖螺絲，有的是用框夾，所以拆開時要小心，不要把燈蓋掉落而破損，至於維修10W－40W任何日光燈具，修理方法都是一樣的。

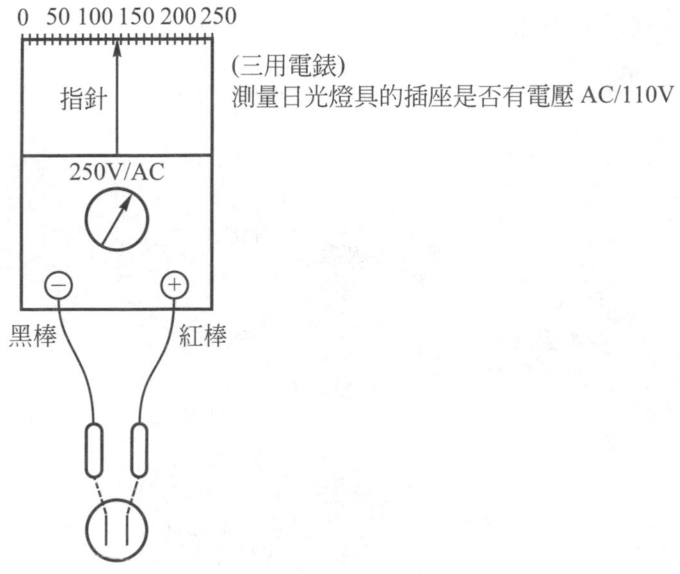

圖 4-40

6. 如何修理電燈泡式燈具故障

家庭內爲了取得柔和的光線，一般會使用到普通(霧狀)(透明)以及省電型的燈泡，再加上比利神童省電燈泡，雖然只有27W卻可有60W的亮度，以及目前大量被採用的PP燈管以及石英燈、鹵素燈、冷光燈泡、珍珠燈泡等等。

(1) 電燈泡雖然種類繁多，但大致上由最小2W、5W、10W、20W、40W、60W、100W、50W、27W爲止，其外觀有球型、木瓜型、喇叭型、尖頭型、U 型，眞是五花八門。但是修理電燈泡式的燈具，卻是更容易的事。爲甚麼？因爲它不像日光燈具又要燈管腳座，又要起動器及座更要一只變壓器(安定器)，而電燈泡燈具就省事多了，因為它只有一個電燈泡的螺旋燈座，把電燈泡旋轉進去，有電壓就會亮，沒電壓不會亮。所以萬一故障，先量電壓，再量電阻，就能輕易的修復。省事多了，如圖 4-41 所示。

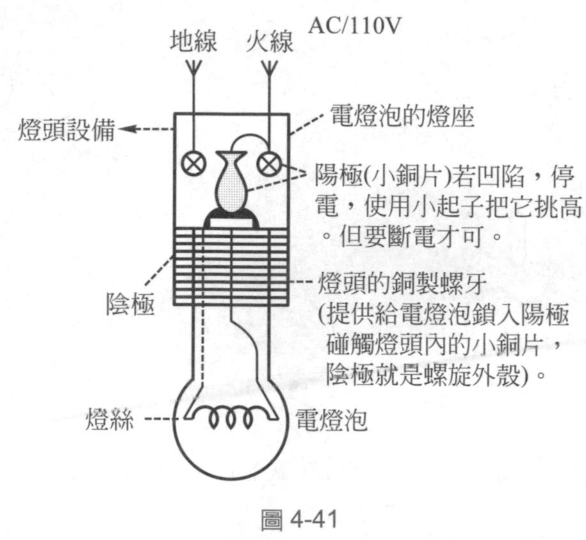

圖 4-41

(2) 電燈泡不亮的原因有三種，一為沒電源，二為電燈泡已燒掉，三為電燈泡的頭端(陽極)與燈頭的陽極小銅片沒有接觸到所以電燈泡不亮。

(3) 查修的方法，先將燈泡逆時鐘方向，旋轉取下。使用三用電錶選擇鈕放在(R×1 或R×10)電阻檔的位置，使用紅棒(＋)黑棒(－)測量電燈泡兩端(陽極與陰極)，如果有電阻，就是好的，在倒 8(∞)無限大，燈絲已燒斷，換裝新燈泡即可。

(4) 燈泡沒問題換量電壓，要先把燈頭的兩條線(斷電後)拆開一條，然後再將拆開的一條小心分開，不要與另一條線相碰會短路。開電，使用三用電錶，轉到(AC/250V)的檔，量看有沒電壓，若斷線接回，沒電壓找出開關檢查。

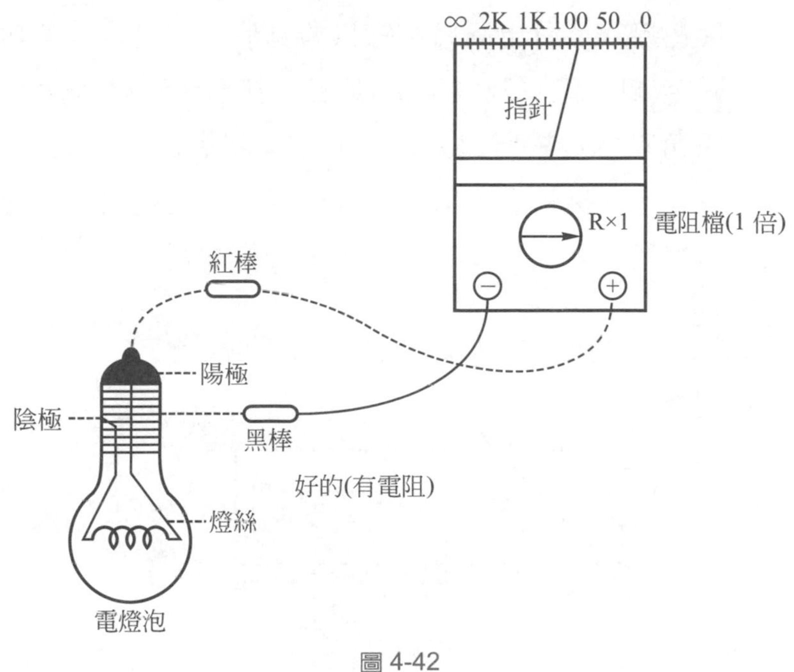

圖 4-42

(5) 電燈泡沒壞，而又有正常電壓，極可能是燈頭的小銅片凹陷，先停電並使用小起子，將它挑高，再鎖回電燈泡應該就會亮了。

(6) 如果量電燈泡是好的，開關也是好的，而燈頭的小銅片已經挑起並與電燈泡(陽極)接觸良好，但是電燈泡沒電壓那表示電線有斷線，應請水電師父來查修。

7. 燈具的按裝與換新

使用已久的舊燈具或改建新購的房屋，都會造成燈具的換新及改裝，而任何種類與不同的(日光燈管、電燈泡、其它特殊燈泡、燈管)燈具都必須要固定，固定在那裡？

固定在天花板或牆面的接線盒內，因為接線盒除了應用在接線及引出兩條電線供燈具使用，另有一個功能就是固定(日光燈具及電燈泡)燈具。接線盒有(八角型)及(長方四角型)兩種，有鐵製的亦有塑膠製品，如圖 4-43、圖 4-44，在接線盒內附有二片凸出點，就是已有內牙，提供給燈具鎖鐵皮螺絲或(4mm)細牙螺絲用。

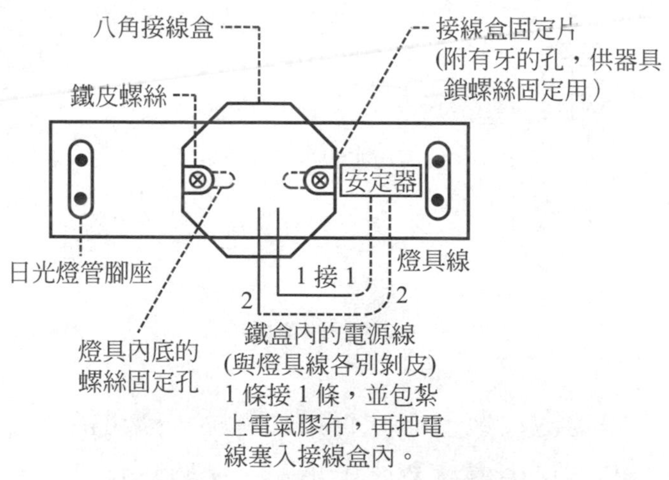

圖 4-43　吸頂式與天花板或壁面貼合的燈具

安裝方法：①如果是長方型或方型的日光燈具，買回來時，紙盒內除了燈具殼及內部的安定器、起動器與座、燈管腳，另外有一塊外蓋片，這些配備請勿馬上組合，燈具蓋片及附屬的燈管。

②先將燈具最底層(背面)對壓八角鐵盒而燈具底層有橢圓形及圓型的孔，將它對準接線盒的固定牙口，使用螺絲起子鎖住(左或右邊 1 支)不要太緊，以不會掉落爲原則。把已關掉電燈開關的接線盒二條電源線，以及燈具所附的受電源線連接，並分開各別使用電氣膠帶包紮好。將電線塞入接線盒內，推高燈具與天花板或壁面貼合，再鎖上另一孔的螺絲，兩隻要全部鎖緊前要調整燈具，不要歪斜。接著裝上底蓋固定，插入日光燈管及起動器就可送電看看。

吊掛式燈具的安裝方法：

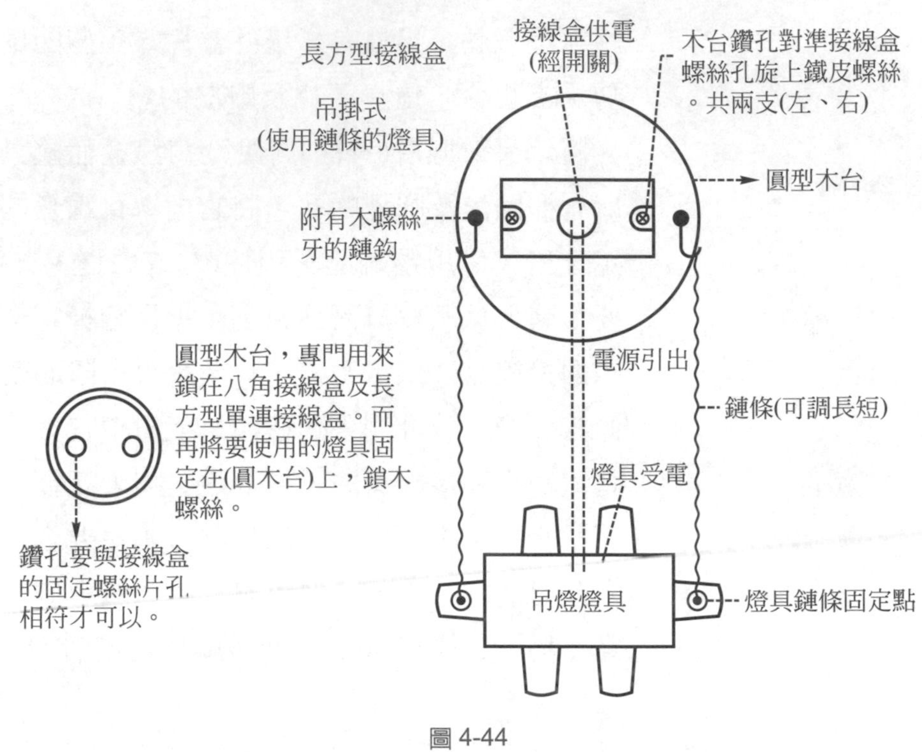

圖 4-44

8. 如何更換和處理(NFB)無熔絲開關故障

(1) 無熔絲開關，用在家庭的配電箱內如圖 4-45 所示。(而電度錶暫不列入此圖內)

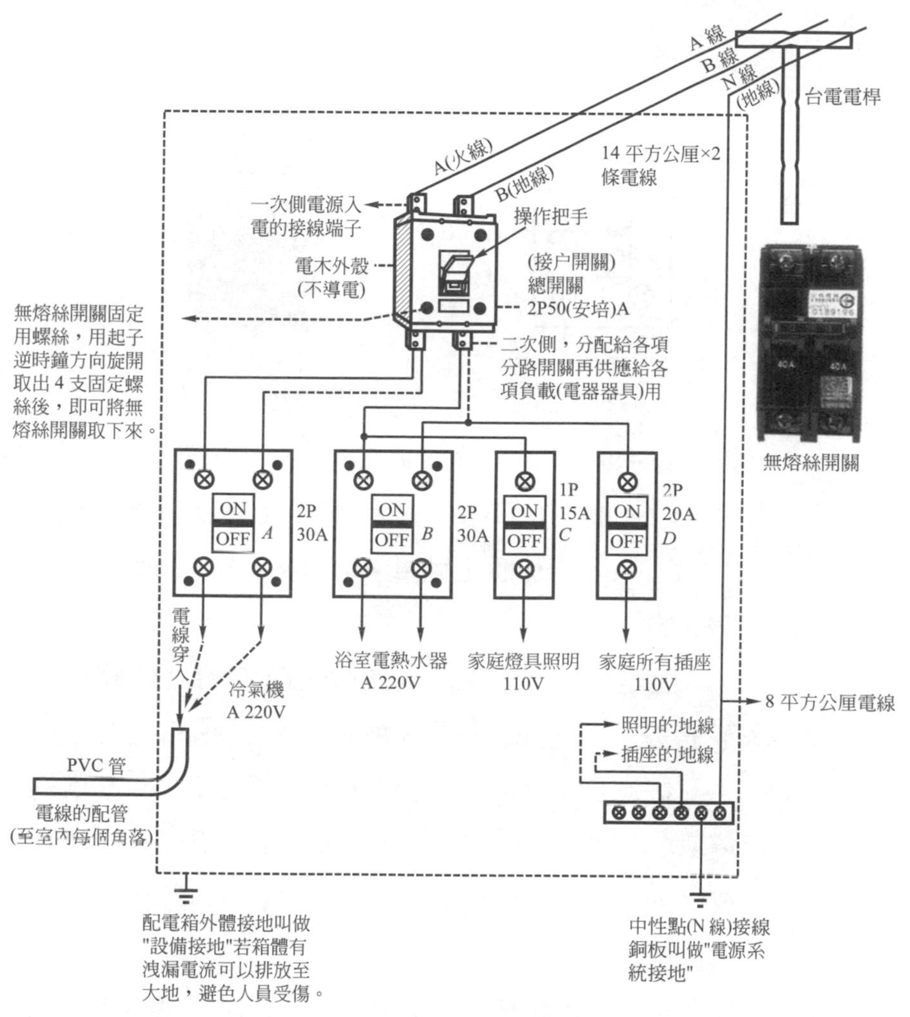

圖 4-45

(2) NFB“無熔絲斷路器”，用電負荷電流過大時，或電線、設備短路時，就會自動跳脫，須等候 3～5 分鐘後，再行投入，即恢復正常。一般跳脫後，操作扳手會卡在中間位置如圖，投入前，先查明跳脫原因，排除故障後，先往下扳，再往上扳，即可投入。

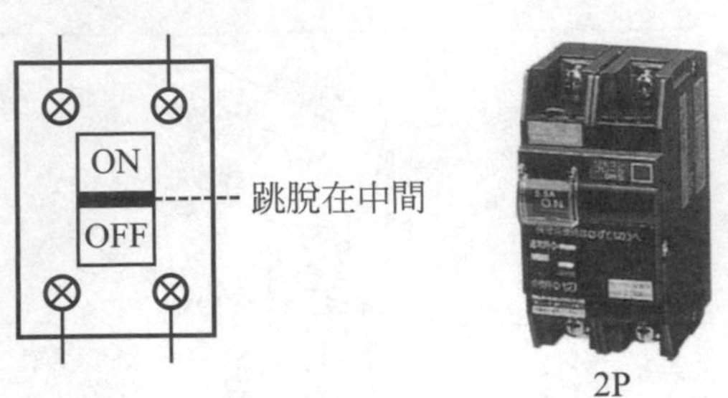

(3) 如果家裡的冷氣故障，就關掉(A)N.F.B，相同的電熱水器故障，需關掉(B)N.F.B，如果要查修燈具關掉(C)N.F.B，查修或更改插座就關掉(D)N.F.B，這種作法是比較安全的。

但是萬一是其中的一個NFB(無熔絲開關)壞了，送不上去，甚至說已經有燒焦狀態，那就必須更換新品了。按照原有的電流容量，比例說：2P30安培的NFB燒壞，其原因是電熱水器故障所致，現在熱水器已換新或修理好，那麼就到電料行，購買一個同廠牌同規格的無熔絲開關。

(4) 先關掉總開關(最好在白天施工)否則要準備手電筒，因爲總開關切掉，就沒有照明了。接著把壞掉的開關(上面與下面各兩條線)用螺絲起子反方向鬆開固定電線的螺絲，抽出電線擱一傍。

要特別注意：總開關的上面一次側有電，不要去碰觸。然後找到固定開關的四支螺絲一樣反方向旋轉把螺絲全取出來。放上新品對準螺絲孔鎖上開關固定螺絲，再把上面與下面各兩條線鎖回去。

(5) 重新檢查接線有沒有錯，螺絲有沒有上緊，都沒問題，扳上總開關送電看是否正常供電，如再跳電，請找電氣技工。

9. 如何修理更換連用型暗開關及插座

修換連用型暗開關及插座的方法：

(1) 先將外蓋用力扒開，若很緊可用一字小起子把它頂開。此時就可看到開關及插座的固定框架。

(2) 逆時鐘方向把固定框架的螺絲用起子鬆掉，並拉出整具框架。

(3) 關掉插座或燈具的電源總開關，然後把要換的開關或插座用一字小起子頂入接線銅夾，把電線拔出。並用一字起子頂開固定框架內使要更換的開關或插座脫落。

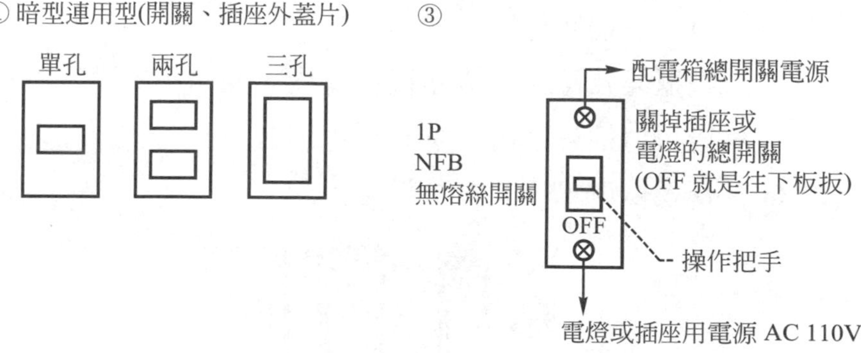

圖 4-46

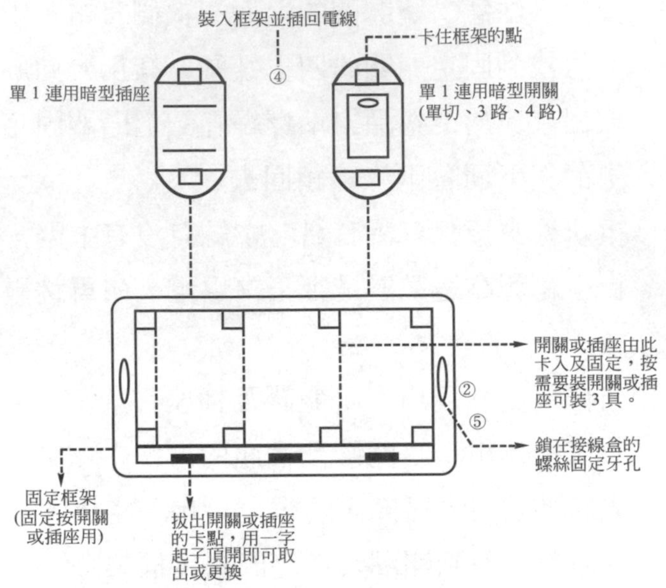

圖 4-47

(4) 裝卡入新開關及插座(要確實卡緊)向框架口用力壓入即可，並插回電線。

(5) 把框架及電線再擠回接線盒內，鎖緊兩支固定螺絲，然後用力把外蓋用手掌一壓即閉合。

(6) 檢視一下，沒問題，送電。

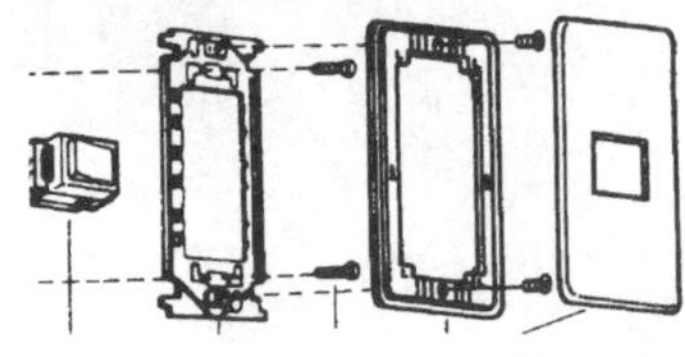

(a) 可使用單一暗插座或成三具
(b) 也有三孔連在一起成型的

聯蓋式三插座組

螢光單切開關

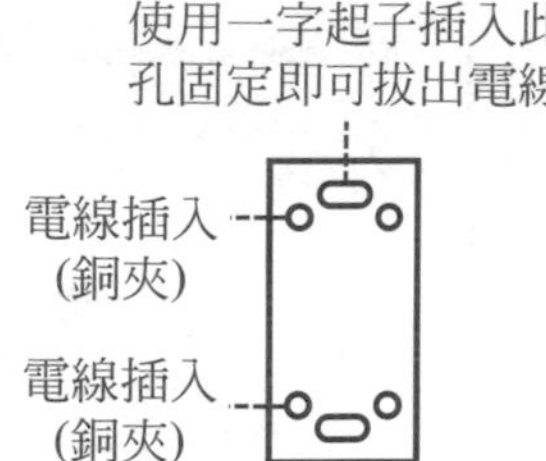

單一暗型開關或插座背面

螢光雙切 3 路開關

圖 4-48

10. 如何判斷家裡的電燈開關故障修換

【查修方法】

⑴像本圖 4-49 所示，這具燈具、地線先接入燈具右線端而火線從無熔絲開關(NFB1P15 安培)串接到單切暗開關的上點，而下點再提供(火線)給燈具，左線端。電壓AC 110V。

⑵如果燈泡亮 4 具不亮 3 具，開關沒壞，是燈泡或燈頭壞了換新燈泡及燈頭查修即可，查修燈頭要先關掉，單切開關，以免觸電。

⑶如果全不亮，關掉無熔絲開關，拆開單切開關外蓋，並用螺絲起子旋開，開關的固定框架兩支螺絲，拉出開關及電線出來。

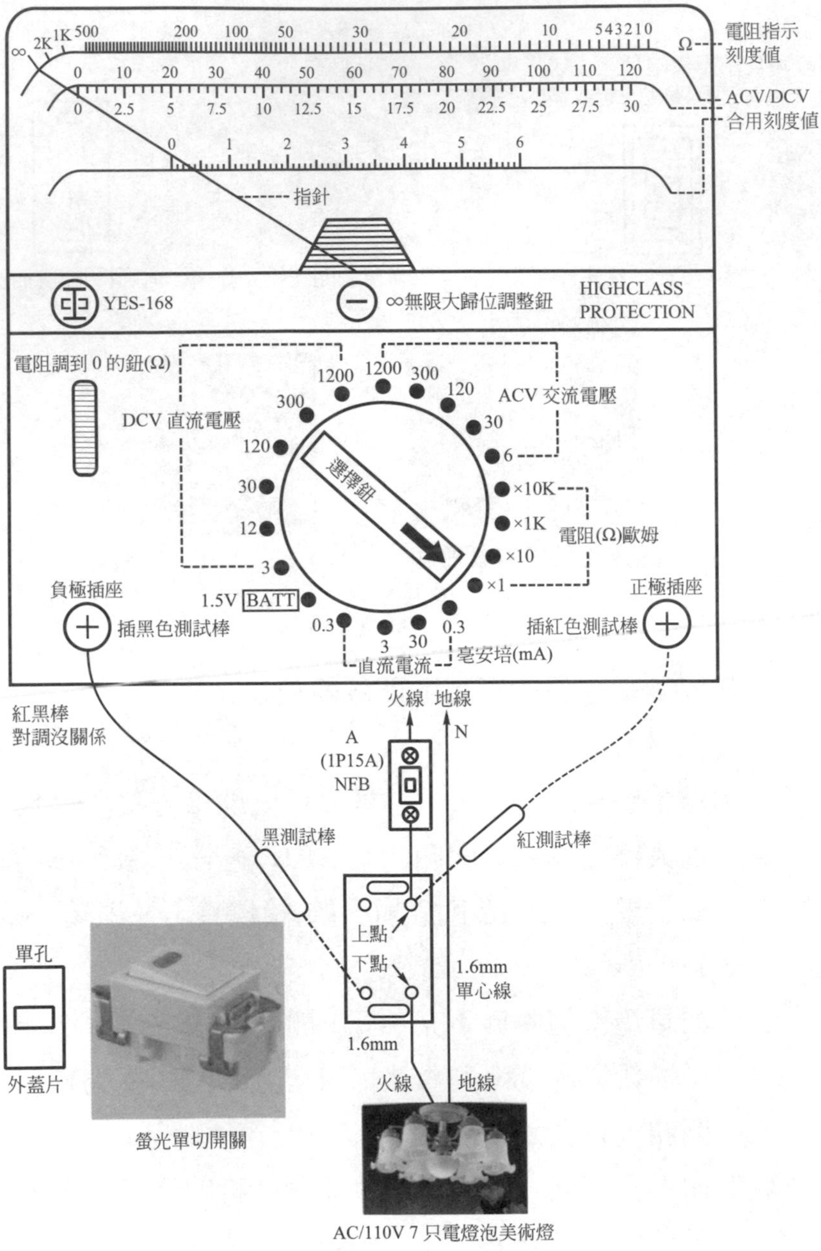

電阻指示刻度值
ACV/DCV 合用刻度值
指針
YES-168
∞無限大歸位調整鈕
HIGHCLASS PROTECTION
電阻調到 0 的鈕(Ω)
DCV 直流電壓
ACV 交流電壓
選擇鈕
電阻(Ω)歐姆
負極插座
插黑色測試棒
1.5V BATT
正極插座
插紅色測試棒
直流電流
毫安培(mA)
火線 地線
A (1P15A) NFB
N
紅黑棒對調沒關係
黑測試棒
紅測試棒
上點
下點
1.6mm 單心線
1.6mm
單孔
外蓋片
螢光單切開關
火線 地線
AC/110V 7 只電燈泡美術燈

圖 4-49

⑷三用電錶選擇鈕，轉至電阻檔(R×1)位置，紅棒插⊕，黑棒插⊖，測試棒紅碰單切開關上點的孔內，黑測試棒碰單切開關下點的孔內，押下單切開關，若指針在○的位置，表示通電是好的；如果指針在側 8(∞無限大)的位置，則該單切開關已不良要更換，更換的方法，參閱第四章(4～21頁)圖所示。

11. 電鈴安裝及修理

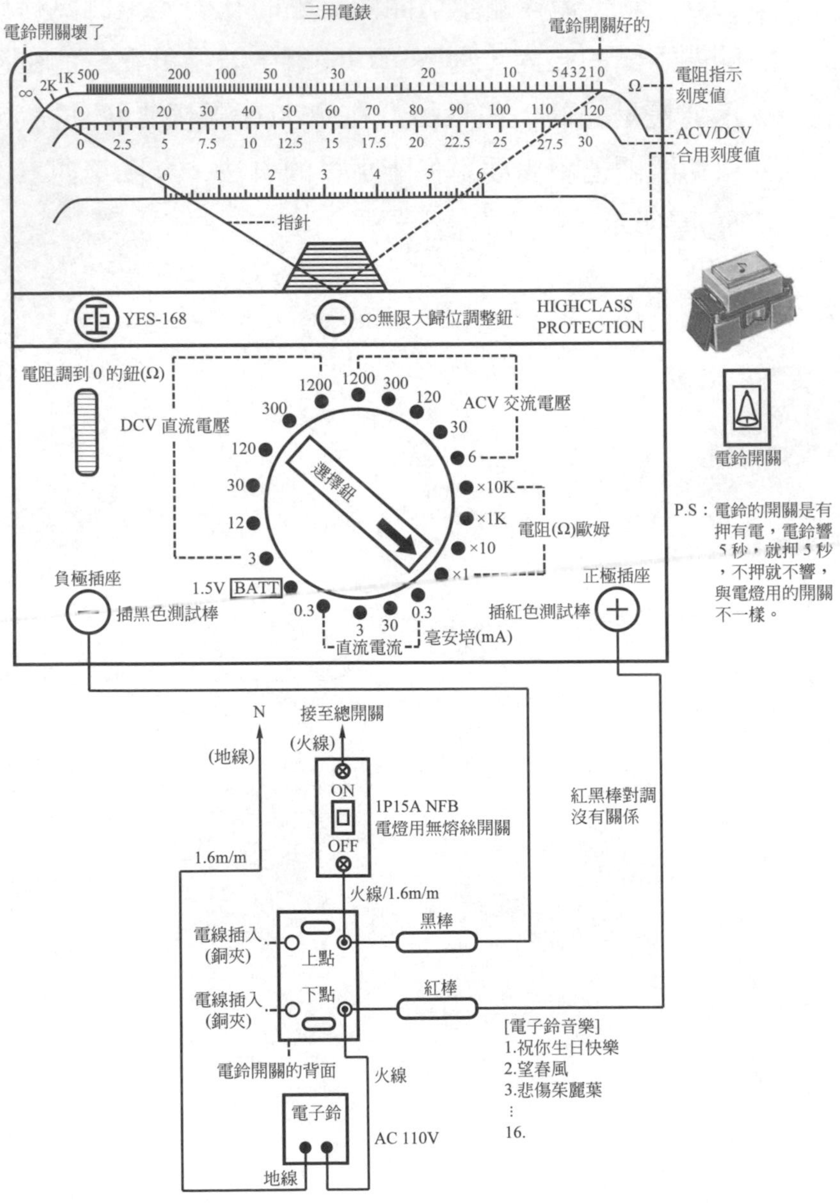

三用電錶

電鈴開關壞了

電鈴開關好的

∞ 2K 1K 500 200 100 50 30 20 10 5 4 3 2 1 0 Ω

電阻指示刻度值

0 10 20 30 40 50 60 70 80 90 100 110 120

0 2.5 5 7.5 10 12.5 15 17.5 20 22.5 25 27.5 30

ACV/DCV 合用刻度值

0 1 2 3 4 5 6

指針

YES-168

∞無限大歸位調整鈕

HIGHCLASS PROTECTION

電阻調到 0 的鈕(Ω)

DCV 直流電壓：1200 300 120 30 12 3

ACV 交流電壓：1200 300 120 30 6

選擇鈕

電阻(Ω)歐姆：×10K ×1K ×10 ×1

1.5V BATT

0.3 3 30 0.3

直流電流 毫安培(mA)

負極插座 插黑色測試棒

正極插座 插紅色測試棒

電鈴開關

P.S：電鈴的開關是有押有電，電鈴響5秒，就押5秒，不押就不響，與電燈用的開關不一樣。

N (地線)

接至總開關 (火線)

ON OFF

1P15A NFB 電燈用無熔絲開關

紅黑棒對調沒有關係

1.6m/m

火線/1.6m/m

黑棒

紅棒

電線插入(銅夾)

上點

下點

電線插入(銅夾)

電鈴開關的背面

火線

電子鈴

AC 110V

地線

[電子鈴音樂]
1.祝你生日快樂
2.望春風
3.悲傷茱麗葉
⋮
16.

圖 4-50

【維修與安裝方法】

⑴要裝電鈴，先將電鈴使用木螺絲固定好(使用螺絲起子)。

⑵再固定電鈴開關自己選位置。

⑶N線(地線)一條先接至電鈴左邊的線。

⑷再關掉電燈的開關。火線接一條至電鈴開關，使用1.6mm的單心銅線。

⑸剝開外皮1公分插入電鈴開關上點，而下點也剝開1公分插入1.6mm的單銅線引接至電鈴的右邊的入線。

⑹檢查一下，沒問題，打開電燈開關押電鈴按鈕(祝您生日快樂)。

【電鈴故障】

⑴先關掉電燈開關。

⑵把三用電錶轉至電阻檔R×1，紅棒碰電鈴開關(上點)，黑棒碰電鈴開關(下點)用手按電鈴開關，如果指針在0的位置是好的，在∞無限大的位置是此開關壞了，換掉就好。

⑶如果一量指針在0，那電鈴開關沒問題，應該是電子鈴掛了。

⑷拆下電子鈴接一個插頭去插家內110V的插座若不響，百分之百燒掉換新就是。要是會響，除非就是斷線了。

⑸斷線怎麼辦？找出斷線點重接即可。斷線怎麼測？請參閱第四章。

12. 電熱水器故障的修理

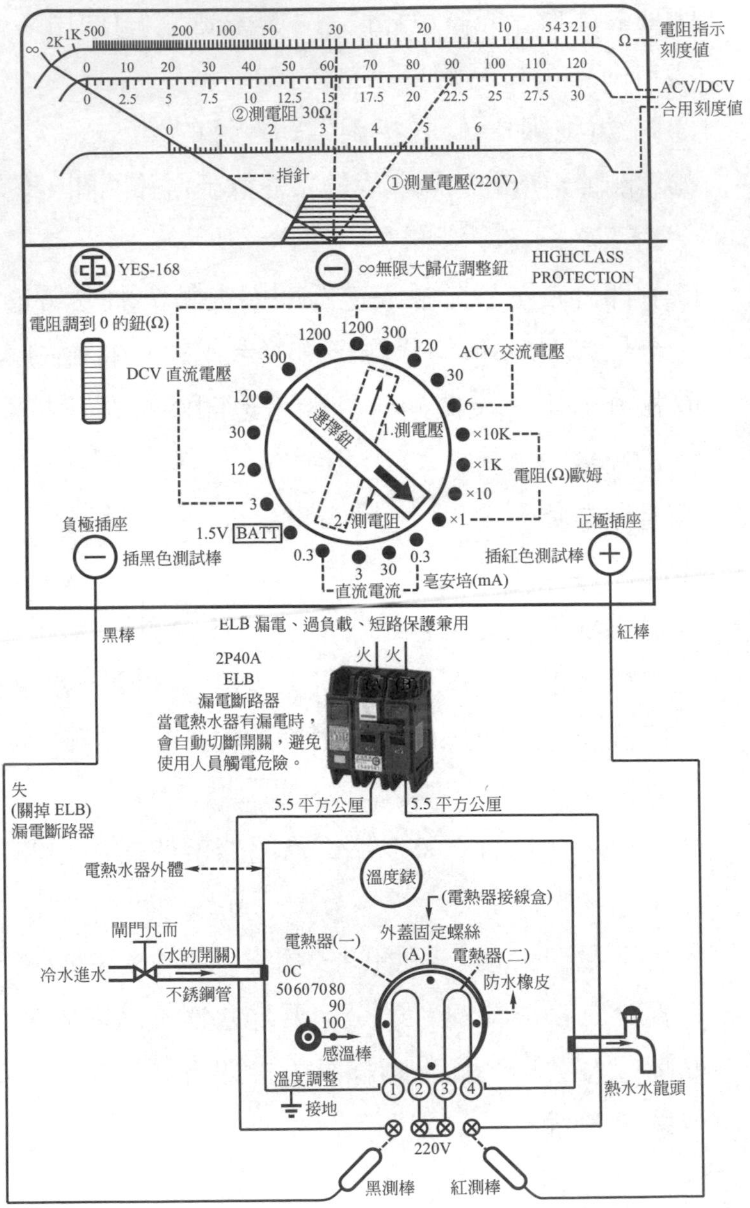

∞ 2K 1K 500 200 100 50 30 20 10 543210 Ω
電阻指示
刻度值
0 10 20 30 40 50 60 70 80 90 100 110 120
0 2.5 5 7.5 10 12.5 15 17.5 20 22.5 25 27.5 30
ACV/DCV
合用刻度值
②測電阻 30Ω
0 1 2 3 4 5 6
指針
①測量電壓(220V)
YES-168
∞無限大歸位調整鈕
HIGHCLASS
PROTECTION
電阻調到 0 的鈕(Ω)
DCV 直流電壓
1200 300 120 30 12 3
1200 300 120 30 6
ACV 交流電壓
選擇鈕
1.測電壓
2.測電阻
×10K ×1K ×10 ×1
電阻(Ω)歐姆
1.5V BATT
0.3 3 30 0.3
直流電流
毫安培(mA)
負極插座
插黑色測試棒
正極插座
插紅色測試棒
黑棒
紅棒
ELB 漏電、過負載、短路保護兼用
火 火
2P40A
ELB
漏電斷路器
當電熱水器有漏電時，
會自動切斷開關，避免
使用人員觸電危險。
5.5 平方公厘
5.5 平方公厘
失
(關掉 ELB)
漏電斷路器
電熱水器外體
溫度錶
(電熱器接線盒)
外蓋固定螺絲
(A)
電熱器(一)
電熱器(二)
防水橡皮
閘門凡而
(水的開關)
冷水進水
不銹鋼管
0C
50607080
90
100
感溫棒
溫度調整
接地
① ② ③ ④
220V
熱水水龍頭
黑測棒
紅測棒

圖 4-51

【注意事項】：

如果ELB漏電斷路器一送電就馬上跳，一直開不起來。那表示線路短路或電熱水器，內部的電熱器(橡皮)漏水短路所致，請勿送電，先打開電熱器接線蓋(A)4 支螺絲並查視。沒有橡皮找原廠商送來自行更換，或直接由廠商協助更換，接地線一定要接，萬一電熱水器漏電被電線(接地)帶到大地去，避免使用人員觸電的危險。(其餘故障如下列)

【修理的方法】

⑴測量電壓，將電熱水器在下半部，有一個圓蓋那是電熱水器與電熱器入電接線的位置鬆開四個固定外蓋螺絲，並打開外蓋。

⑵使用三用電錶，轉到ACV交流電壓檔250V或300V的位置，若是紅棒碰④，黑棒碰①有電壓 220V，那表示供電沒問題。若是110V接線，則紅棒碰②，黑棒磁①，如有110V電壓，則供電沒問題。

⑶測量電阻，將三用電錶轉至電阻檔R×1，紅棒碰④，黑棒碰①，如果有電阻則電熱器是好的。這是220V 電熱器的測試。若要測量110V 紅棒碰②，黑棒碰①，有電阻就是好的；沒電阻就是燒壞了，要換新電熱器(HEA-TER)。

⑷溫度開關設定鈕，是否正確？如果是設定錯誤重新調整，一般家庭用熱水，設定在攝氏60度就可以了。

⑸測量電熱器，最好將220V接線②③拆開，用電阻檔×1測個體①②有沒電阻，有，好的。測③④電阻有沒電

阻，有電阻是好的；沒電阻代表斷了。以此方法可查出到底那一組電熱器出問題。換新就好了。注意橡皮要鎖緊，否則會漏水。

⑹若測試 220V ①④有電阻，而 ELB 漏電路器有 220V，那即可能是溫度開關壞。

【110V 接線】

⑴①③接一起入火線的電。

⑵④②接一起入地線。

⑶此接線叫並聯。

AC110V

電熱器①② 1 組

電熱器③④ 1 組

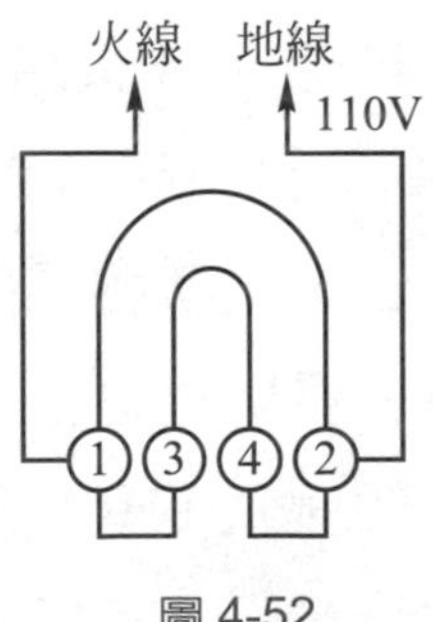

圖 4-52

【220V 接線】

(A)火線入電到①，②接③，④接到(B)火線。

這是 220V 接線。

PS.此接線叫串聯。

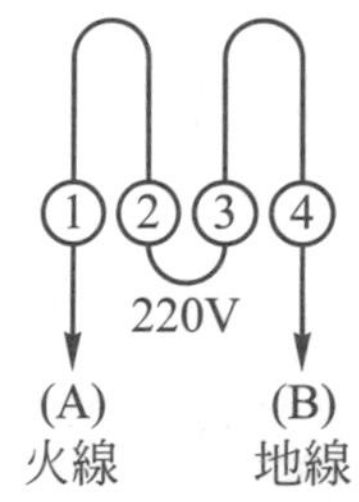

圖 4-53

13. 吹風機故障的修理

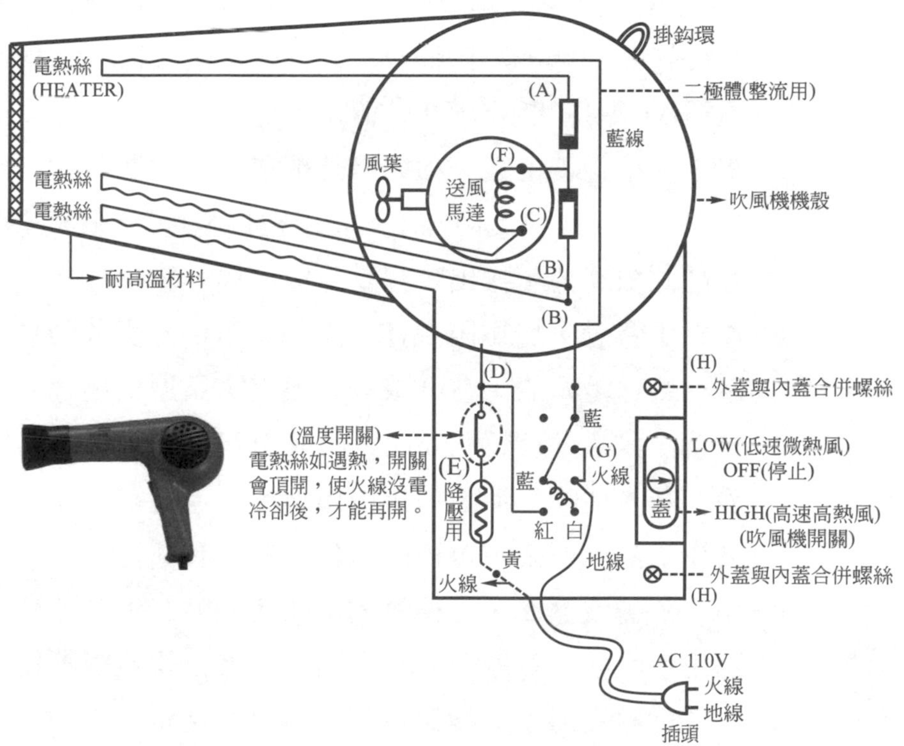

圖 4-54　吹風機內部構造

⑴ 吹風機是家庭常用的電器用品，其形狀有大小隻之差異，更有電熱量(W)以及各段風速的差別，但是其基本原理大致是一樣的。就是由兩片機殼合併，內部有一小送風馬達，可分風量大小，有數組電熱絲(可分熱氣大小)。

⑵ 吹風機故障分兩部份，插電後風車不會轉動，或是沒有熱風。遇此情況，先拔掉插頭，使用螺絲起子在(H)點兩處旋開機殼固定螺絲並把機殼上下部用手拆開，即可看到內部設備。

⑶ 使用三用電錶(選在電阻檔 R×1)記得要先做歸零校正，然後紅棒插⊕，黑棒插⊖，紅棒碰插頭火線，黑棒碰吹風機(G 點)若指針在 0 位置，火線是好的。用紅棒碰地線，黑棒碰黃色線，如果指針是在 0 的位置此地線也是好的。反之，測此兩條線，指示在倒 8(∞)無限大，那表示電源線斷掉，找出斷線點重接或換一條新線。

⑷ 風車不會動，用電阻檔(R×1)量馬達(F 點與 C 點)有電阻，馬達是好的，在 0 或∞無限大，馬達已燒燬。另一種情況是馬達(風葉)卡住東西或內部束軸，可用手撥看看，若卡住物已清除但馬達風葉用手還是撥不動，馬達要換新品。要確定電線或電熱絲有沒有斷線。

⑸ 風車會轉沒熱風，先檢查內部任何一點有沒有斷線，甚至用手輕撥電熱絲看有沒有斷掉，如果是電線斷掉，剝皮把電線交纏用尖嘴鉗絞緊，再包好電氣膠布即可。但若是電熱線斷掉，很抱歉！沒法接，因接過的地方很快會再熔斷，用焊錫焊過熱會熔掉，換整組電熱絲，只可

惜您買不到，也就是說該換一隻新吹風機了。

(6) 電線沒斷，電熱絲也正常，就是沒熱風，使用三用電錶(R×1)電阻檔，測量(D點與E點)，指針在0，好的，在無限大，如果剛才使用很久，那這是一個超溫開關，要等十分鐘後逐漸冷卻後再試開，如果過了大半天，還是測不通(電阻檔的位置)那表示此溫度開關壞了，要換新或調整，委託電器行更修。

(7) 若非上舉條件之故障，那應是操作開關有問題，因牽扯到要用電烙鐵退錫取線，只好委託電器行修理了。

(8) 做以上測量時，吹風機的開關要放在(關)OFF的位置。

14. 電風扇故障的修理

電風扇是夏天趨暑的電器用品，如果故障不能運轉，以下示範修理的方法。要先拔掉插頭。

【修理方法】

(1)把電風扇翻倒(輕輕的)可以看到底座有四支螺絲，用螺絲起子，反時鐘方向旋轉，取出螺絲並掀開底蓋。

(2)可看見內部有(4 個按鍵)按 0 沒有入電，按 1(火線與白線通)高風量，按 2(火線與粉紅線通)中風量，按 3(火線與綠色線通)低風量。首先手不要去碰電線，把插頭插上，拿出三用電錶，把選擇鈕轉至交流電壓(ACV 120V 位置)，紅棒插錶座(+)，黑棒插錶座(−)，將紅測試棒碰電風扇接線盒電源(A)火線，黑棒碰(B)地線，看有沒有AC110V電壓。有電壓，再查別項；沒電壓，插頭及電源線壞了，換新線或查出斷線點重接。

⑶有電壓，拔掉插頭，把一條電線一端碰電容器(C 點)一端碰(D 點)，看電容器會不會放電同時也等於保護自己讓電容器放電掉。接著使用三用電錶，轉至電阻檔(R×1)的位置，紅測棒碰電容器(C點)，黑測棒碰(D點)若指針往右偏，然後再慢慢往左偏回來，表示電容器是好的，會充電再放電，R×1 試沒有要換 R×10。如果仍不會充放電抄下規格到電料行買一個換掉就 OK。

⑷三段風量有兩個正常，一個不會轉，一種可能不會轉的風量開關壞掉或線圈燒掉。最好委託電器行修理。

⑸上述的情況都正常，若電風扇還是不運轉，那就是風扇兩邊軸心卡住，可拆掉風扇保護罩，及風葉在軸心的支撐銅套上加入針車油加以潤滑，使風扇軸心順利運轉，再裝回風葉及保護罩即可。

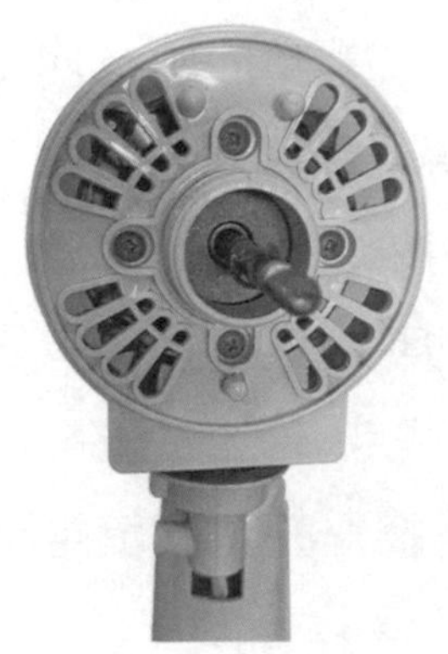

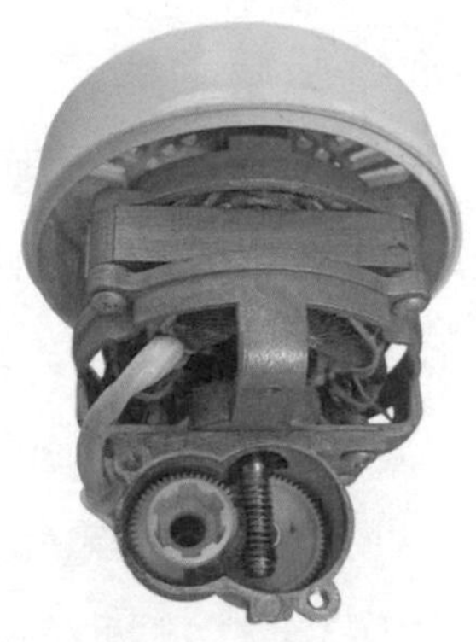

圖 4-55 (a)三段式立型電風扇

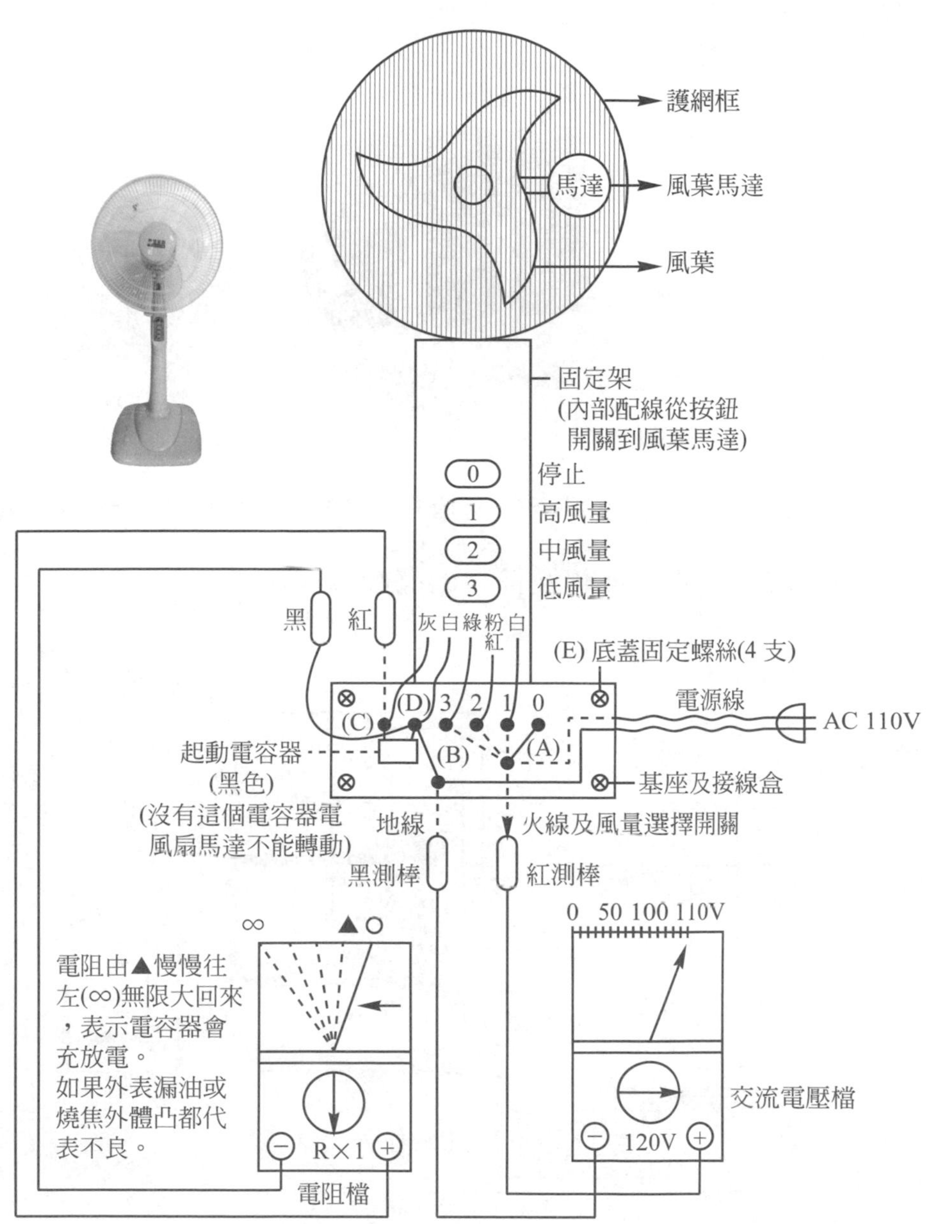
護網框
馬達
風葉馬達
風葉
固定架
(內部配線從按鈕
開關到風葉馬達)
0
1
2
3
停止
高風量
中風量
低風量
黑
紅
灰
白
綠
粉紅
白
(E) 底蓋固定螺絲(4 支)
(D)
3
2
1
0
(C)
(B)
(A)
電源線
AC 110V
起動電容器
(黑色)
(沒有這個電容器電
風扇馬達不能轉動)
基座及接線盒
地線
火線及風量選擇開關
黑測棒
紅測棒
∞
0 50 100 110V
電阻由▲慢慢往
左(∞)無限大回來
，表示電容器會
充放電。
如果外表漏油或
燒焦外體凸都代
表不良。
R×1
電阻檔
120V
交流電壓檔

圖 4-55 (b)三段式立型電風扇

15. 抽水馬達配線控制的修理

圖 4-56 (a) 浮球開關

浮球開關：

家用抽水泵浦一般皆用單相110V或220V $\frac{1}{4}$Hp～$\frac{1}{2}$Hp，其控制水泵運轉及停止的開關爲浮球開關。

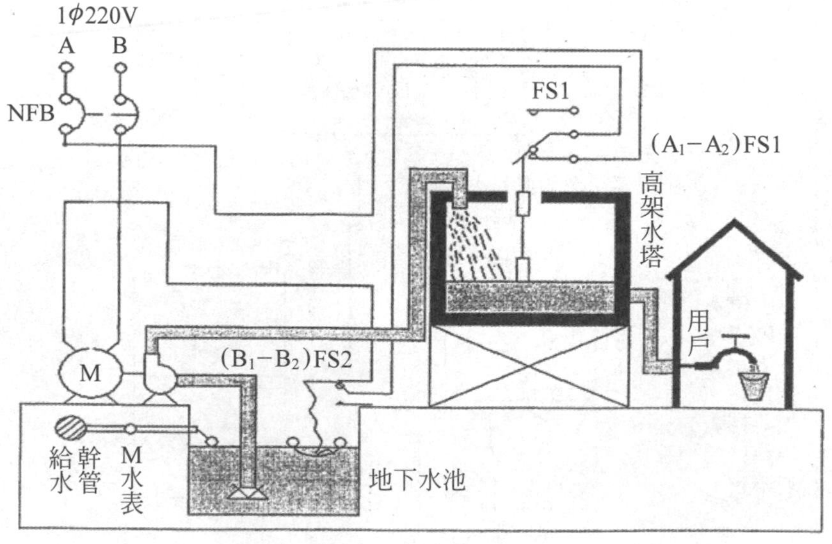

圖 4-56 (b) 抽水馬達配線控制

屋內地下水池的浮球開關接點爲 B_1及 B_2(B 接點)，而屋頂水塔的浮球開關接點爲 A_1及 A_2(A 接點)，也就是當地下水池滿水位後使浮球開關接點形成B_1及B_2接通，屋頂水塔缺水位時才使浮球開關接點A_1及A_2導通，如此就可接通抽水泵浦的馬達電源，達成抽水到屋頂水塔的補水作用，直到屋頂上的浮球開關A_1及A_2接點打開切斷水泵的馬達電源，水泵就停止運轉。(如圖 4-56(b))

【維修方法】

⑴ 在屋頂水塔缺水時，抽水馬達仍無法運轉。

① 檢查電路中是否有 AC 110V 或 220V 的電壓。

② 水塔中浮球開關檢查A_1及A_2是否導通，若不導通則更新即可。

⑵ 在地下水池滿水時，屋頂水塔缺水時，抽水馬達不運轉。

① 用電壓檔檢查線路中是否有AC 110V或220V的電壓。

② 地下水池的浮球開關檢查B_1及B_2是否導通，若無法導通，即該組浮球開關損壞，更新此組的浮球開關。

16. 電冰箱的維護(圖 4-57、圖 4-58)所示

【維護電冰箱】

電冰箱的原理是用冷媒與熱的空氣做交換，液體的冷媒氣化後利用環型銅管施配至冷凍庫及低壓冷藏室。而熱氣(即高壓)藉由壓縮機壓縮到散熱器，將氣體冷卻後再回復使用。

⑴正常使用應將各項物品分類如比較需要冷凍的肉類食品需置於冷凍庫內，而次要的蔬菜、飲料置於冷藏架，沒有必要的空碗、瓷盤及雜物，不要塞滿冰箱內，以免影響冷凍、冷藏效果，增加負荷。

⑵適當選擇溫度檔，譬如說夏天要置於強冷，而冬天置於適冷，過與不及都不好。

⑶冷凍庫要按時(除霜、除冰)避免壓縮機不能正常運作。

⑷如果電冰箱故障，沒半點冷氣效果。先拔掉插頭，量測插座有沒有 AC/110V 電壓。沒有，查出那個開關沒開或跳電。找到開關後送電後會再跳電。可能電線短路或壓縮機有故障。關電。

⑸把(A)(B)點拆開並包上膠布絕緣，再送電，開關又跳，電線該換了。開關不跳，摸一下壓縮機，一定很燙並有燒焦味，壽命已盡，送家電行修理。

⑹有電，開關不會跳，壓縮機有在動，就是沒冷氣或很弱，摸壓縮機溫冷的，一樣是冷氣銅管或壓縮機漏氣，委請家電行修理。

⑺能判斷到故障點那裡，您已是很“內行”的。

圖 4-57

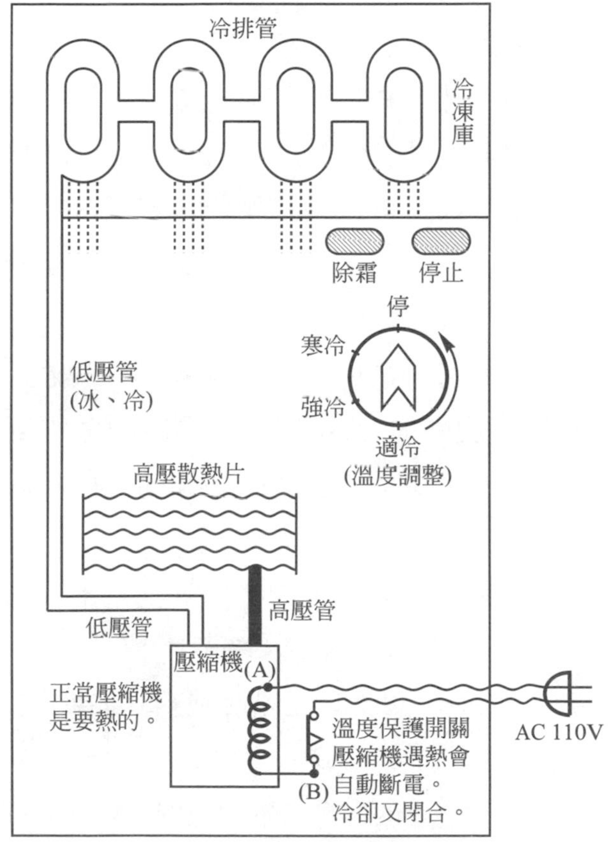
冷排管
冷凍庫
除霜
停止
停
寒冷
強冷
適冷
(溫度調整)
低壓管
(冰、冷)
高壓散熱片
高壓管
低壓管
壓縮機
(A)
(B)
正常壓縮機
是要熱的。
溫度保護開關
壓縮機過熱會
自動斷電。
冷卻又閉合。
AC 110V

圖 4-58

17. 如何修理吸塵器(如圖 4-59)所示

【修理方法】

吸塵器會故障，幾乎以電源線出問題最多，因爲家內或大型百貨公司、大飯店，爲了方便吸塵，大都會延長電線，而每吸完一處，慣從電線扯掉插頭，東扯西拉，最後不是插頭壞了，就是電線斷了。

⑴沒有電不吸塵，拉掉插頭，先手三用電錶(ACV)250V檔測插座有沒電壓AC/110V。有電壓，把吸塵機立著，用手把圖D點扣蓋扳開，有二具、有的三具，那麼就可以看到內部，先將濾網拿出來。

⑵把插頭插入量測(A)點與(B)點有沒有AC/110V，沒有，插頭或電線斷可以插頭換修，若是電線斷，則考慮是否斷線處太多，則予換新，避免危險。此施工記住插頭要先拉掉。

⑶電壓沒問題，在馬達左右側各有一個碳刷蓋，用一字起子旋開(反方向)並拉出附有彈簧的碳刷檢查。如果，碳刷太短或接觸不到馬達線圈銅輪，則吸塵馬達就不會轉動。

若碳刷檢查已不良，則持樣品到家電行購買再裝回去就好。

⑷電線、插頭、電壓、碳刷都沒有問題，看線圈有無燒焦或臭味，或銅輪燒燬。若是以上情況，就是碳刷長期接觸不良所造成的。修理的方法是換一個新馬達，別無它法。

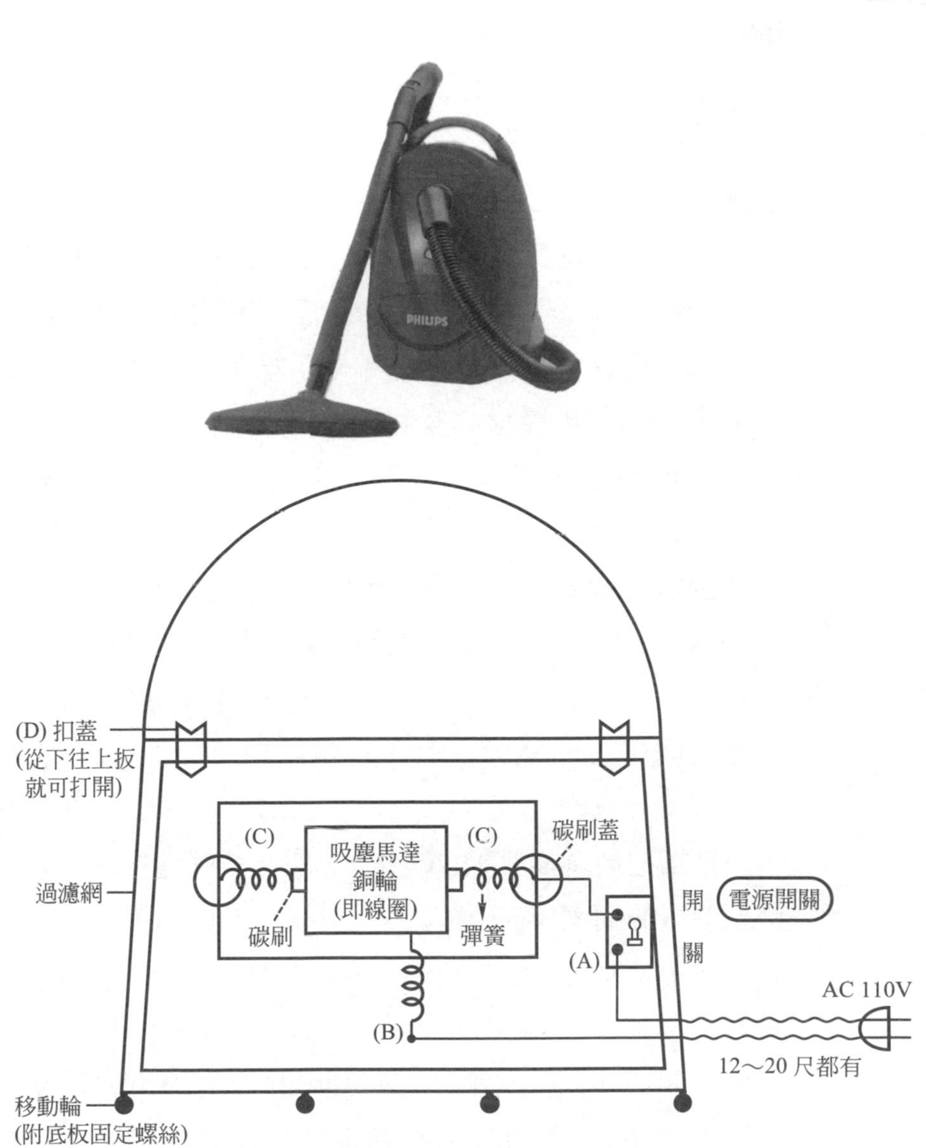
PHILIPS
(D) 扣蓋
(從下往上扳
就可打開)
(C)
吸塵馬達
銅輪
(即線圈)
(C)
碳刷蓋
過濾網
碳刷
彈簧
開
電源開關
關
(A)
AC 110V
(B)
12～20 尺都有
移動輪
(附底板固定螺絲)

圖 4-59

18. 電話機故障的修理(如圖4-60)所示

電話機是家庭必備的通信設備，其型種相當多，但是構造與使用原理都是一樣的。

【維修方法】

(1)電話如果都沒有訊號(聲音)，先將電話機接線盒(A)使用螺絲起子反方向鬆開固定螺絲，新型的用兩手就可拆開，看接線盒有沒有潮濕，電話線有沒有生銅垢，如果這樣，換掉新接線盒就好了。

(2)電話接線盒都沒以上問題，拿出三用電錶選擇鈕轉至DCV(直流電壓)紅棒插(＋)，黑棒插(－)，將測試棒(紅)碰接線盒螺絲的(＋)端，黑測試棒碰接線的(－)端，如果指針逆向達到左邊，表示量錯，把兩支測試棒對調即可，看有沒有直流電壓大約在(DC 49～50V)左右。有電信局線沒問題，沒有，打電話給電信局(故障台)112報修。

(3)用手指把接盒插座柄(A)押下，取出信號連接線，及連接至話機的插座(B)，換家內另一支電話的信號連接線，如果好了，就是這條線斷了，到電話材料行買一條插回去。

(4)電話接線盒(A)點與電話機(B)信號連接線，換一條，還是沒訊號(嘟嘟聲)那換(彈簧狀)的連接線，就是圖的電話機(C)點，把插座用姆指扳開拉出彈線，同法，話筒的(D)點也用姆指往上押共拉出彈線，到家內另一隻好的電話換看看，如果好了，那就是這條彈簧電線不良，買一條換掉即可。

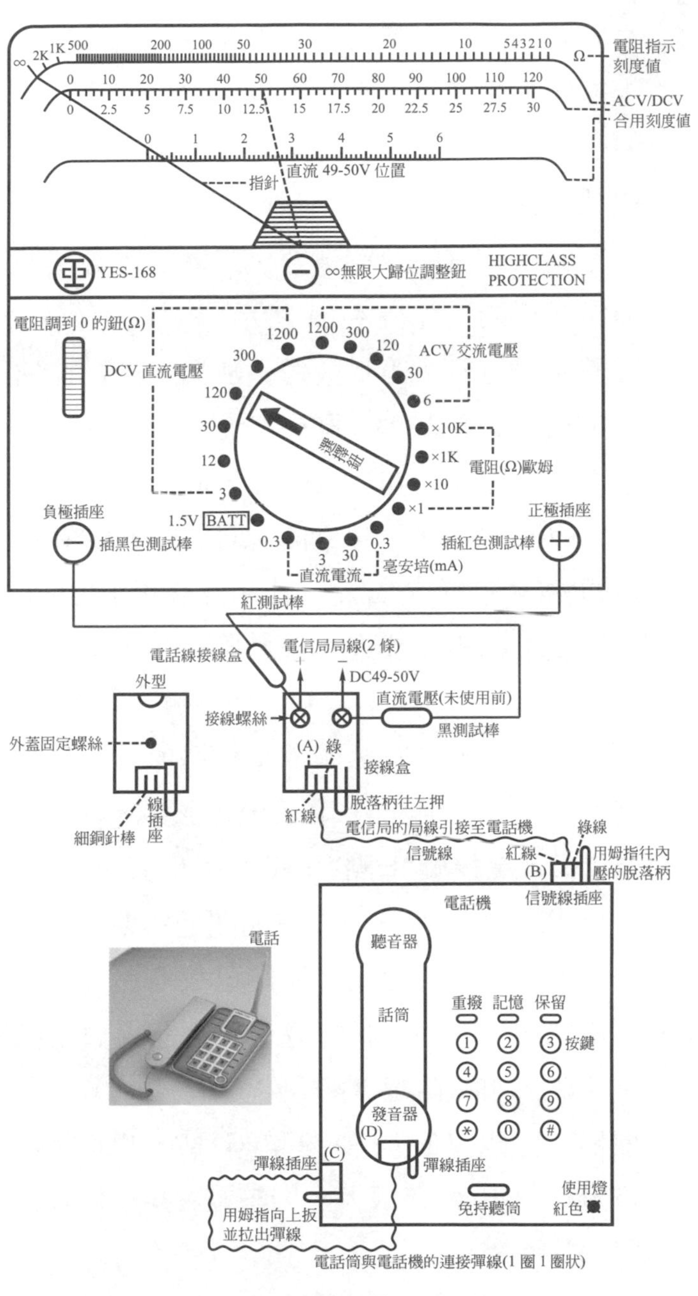
電阻指示
刻度值
ACV/DCV
合用刻度值
指針
直流 49-50V 位置
YES-168
∞無限大歸位調整鈕
HIGHCLASS
PROTECTION
電阻調到 0 的鈕(Ω)
DCV 直流電壓
ACV 交流電壓
選擇鈕
電阻(Ω)歐姆
負極插座
插黑色測試棒
正極插座
插紅色測試棒
1.5V BATT
直流電流
毫安培(mA)
紅測試棒
電話線接線盒
電信局局線(2 條)
DC49-50V
外型
接線螺絲
直流電壓(未使用前)
黑測試棒
外蓋固定螺絲
(A) 綠
接線盒
紅線
脫落柄往左押
細銅針棒
線插座
電信局的局線引接至電話機
綠線
信號線
紅線
(B)
用姆指往內壓的脫落柄
信號線插座
電話機
電話
聽音器
話筒
重撥 記憶 保留
按鍵
發音器
(D)
彈線插座
(C)
彈線插座
用姆指向上扳並拉出彈線
免持聽筒
使用燈
紅色
電話筒與電話機的連接彈線(1 圈 1 圈狀)

圖 4-60

⑸ 家內同一個電話號碼，如果有分機，其中一部電話話筒未掛好，或其中一支故障也會產生電話不通的現象，只要依(1～4)項查方法就可輕易的解決了。

19. 電熨斗的修理

家庭內的電熱型電熨斗，其實它與電熱型電鍋的使用原理是一樣的。如圖 4-61 所示。

⑴ 電熱器插電後，等很久還不加溫，先拔掉插頭，使用三用電錶(ACV 250V)測看有沒有插座電壓，有再查其他部份，沒電源追查出故障點，直到有電壓爲止。

⑵ 把電熨斗的中間銘牌拆開，可看到四支螺絲及插頭線入電的點(W)共五支螺絲，使用螺絲起子旋開(逆時鐘方向)並用雙手把電熨斗上下併合體拆開。(H 點)

⑶ 插入插頭使用(ACV 250V)紅棒碰“A點”，黑碰“B點”看有沒有電壓，沒有插頭或電線壞掉。

⑷ 有電壓，拉掉插頭，用三用電錶(R×1)電阻檔，紅棒碰“A點”，黑棒碰“E點”，指針在0(表示通電)；指針在倒8(∞)無限大，電熱器調整開關過熱要等冷卻，很久冷卻仍不通點，此溫度調整開關已故障。

⑸ 溫度開關沒問題，拆掉氖燈，要記得做記號，以免裝回時接錯。用電阻檔 R×1、R×10、R×1K。測量要用的電熱器，紅碰(F 點)，黑棒碰(G)點，若有電阻是好的，沒電阻在倒 8(∞)無限大，則該電熱絲已燒掉到家用電器行買一片回來按裝即可。

⑹ 裝回方法依反順序如圖示施工。

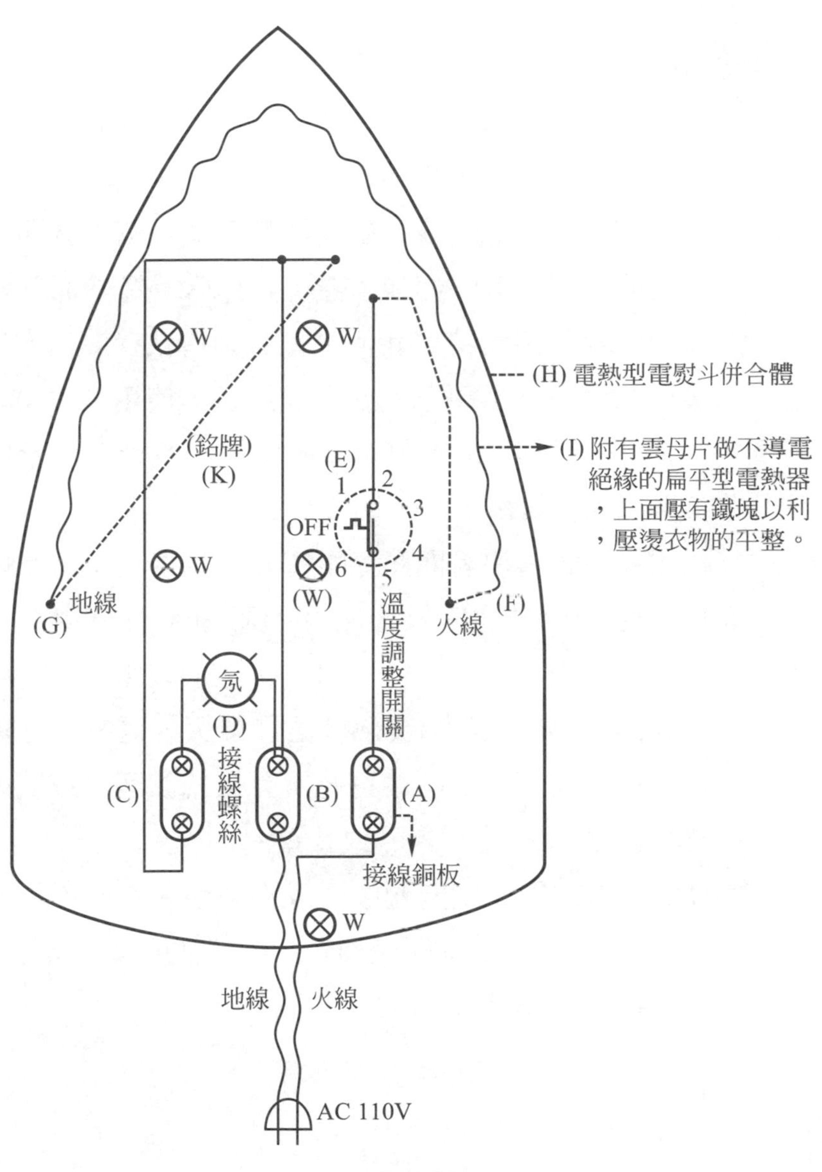
(H) 電熱型電熨斗併合體
(I) 附有雲母片做不導電絕緣的扁平型電熱器，上面壓有鐵塊以利，壓燙衣物的平整。
W
W
W
W
W
(銘牌)
(K)
(E)
1
2
3
4
5
6
OFF
(W)
溫度調整開關
地線
(G)
火線
(F)
氖
(D)
接線螺絲
(C)
(B)
(A)
接線銅板
地線
火線
AC 110V

圖 4-61

20. 蒸氣熨斗的修理

【故障維修方法】：如圖 4-62 所示

⑴先拉掉電源，接著把(A)點外蓋框卡住的中間銘牌框架片取下，接著就可以用螺絲起子在熨斗"B 點"與"C 點"旋轉開 5 支固定螺絲，接著用雙手把電熨斗分開。

⑵分開的內部，有一個加水蓋，是由水受電熱而轉變爲蒸氣的原理作用，接著我們來做故障解決。

⑶檢查有沒有，插頭不良或電線斷線，使用三用電錶R×1測量(火線與 F 點)地線與 E 點電線有沒斷，測量前要先拆開"F 點"螺絲，才會準確。

⑷插頭、電線都沒有問題把電熨斗反仰，並使用螺絲起子把電熨斗，D點"拆開"，並用電阻檔(R×1)紅棒碰H點，黑棒碰"E點"，從R×1 量到R×1K若有電阻，則是好的，若全部在∞(無限大)電熱裝置已燒燬，送電器行更換。

⑸若自行修妥，按反順序再將所有螺絲鎖回，並裝入銘牌框片，灌水到電熨斗，試看看。

⑹(D)點與(F)點溫度開關故障或過熱也會造成不加熱，冷卻後再量測(R×1)看通不通電(在 0 的指針位置)，仍不通，換同規格新品即可。

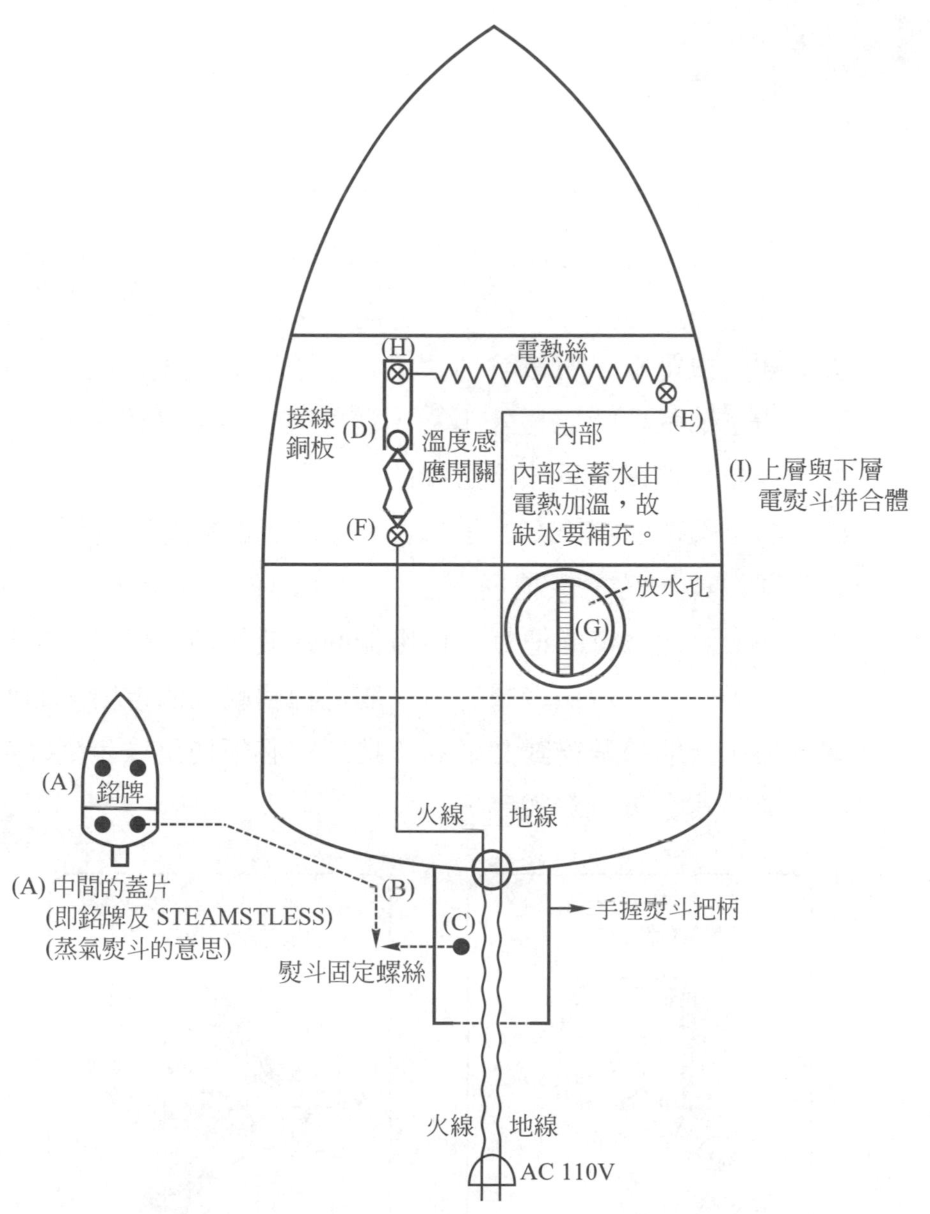

圖 4-62　蒸氣式電熨斗(內部構造)

 二十四、用電安全

1. 有人碰觸電線時，千萬不要用手去拉開他，需用乾燥不傳電木棍或竹桿將電線撥開。
2. 保險絲燒斷，應檢討原因或僱工檢修，不可怕麻煩而換裝更粗的，亦不可以銅代替，宜改用安全可靠之無熔絲斷路器。
3. 任一根電線，用電請勿超量，以防過載發生危險。
4. 搬運細長物時應格外小心，避免觸及架空電線。
5. 委託合格電氣行檢修房屋的內線設備。
6. 防止觸電的唯一方法是將吾人接觸到的設備，均予以成為同電位，為了保持同電位，設備的外殼接地為最簡便方法。當然不可能把每一種電器的外殼接地，但對於處於潮濕場所且外殼為金屬的一些觸電程度較高的電器，如洗衣機，裝地線是絕對必要的。接地線必須使用綠色絕緣皮的導線為之，以資識別。

使用適當容量無熔絲斷路
器或熔絲(保險絲)

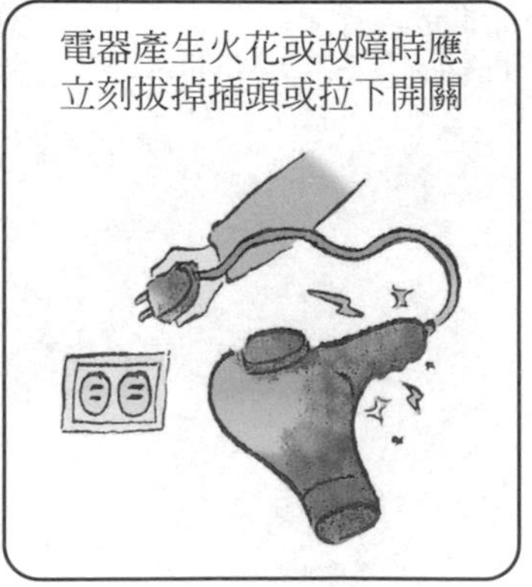

電器產生火花或故障時應
立刻拔掉插頭或拉下開關

電器插頭直接插於牆壁座

電器用完後存放在乾燥場所(因潮濕電器易劣化漏電導致使用者感電)

教導孩子們手濕時不要接觸電器

離開時，電熨斗等發熱器具插頭要拔掉

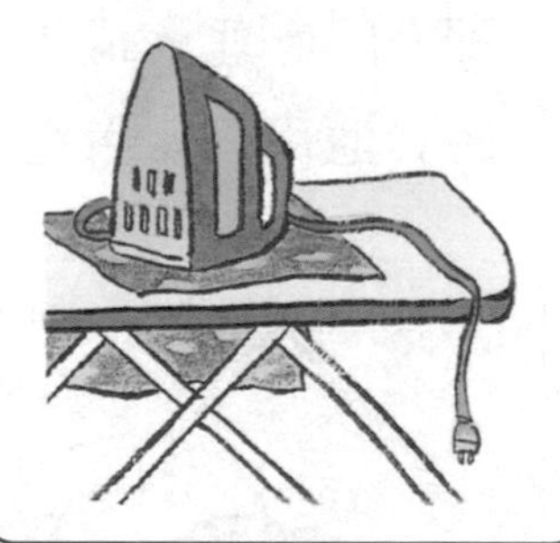

乾粉滅火器

避雷針

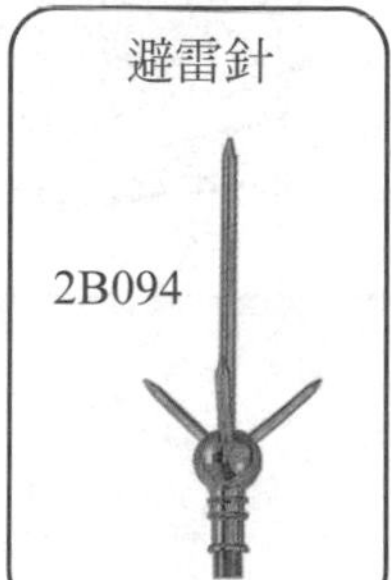

 二十五、颱風季節應注意事項

1. 請徹底檢修房屋，以免漏雨，引起漏電的危險。
2. 應修剪府上接近電線的樹枝，以免被風吹動，打斷電線，造成停電事故。
3. 把霓虹燈、廣告招牌、電視及收音機天線釘牢穩固。
4. 斷落或垂下的電線，應通知電力公司當地服務中心或服務所處理，不要接近碰觸，以免感電。
5. 颱風侵襲，引起停電時電力公司動員全體技術人員日夜進行搶修，務使儘快修復。但颱風災害是全面性的，所以您把故障情形電話通知電力公司服務單位後，電力公司會立即登記處理，請合作稍為等候，暫停催修，以免佔線，妨害其他用戶使用電話。

清潔電器前應先拔去插頭

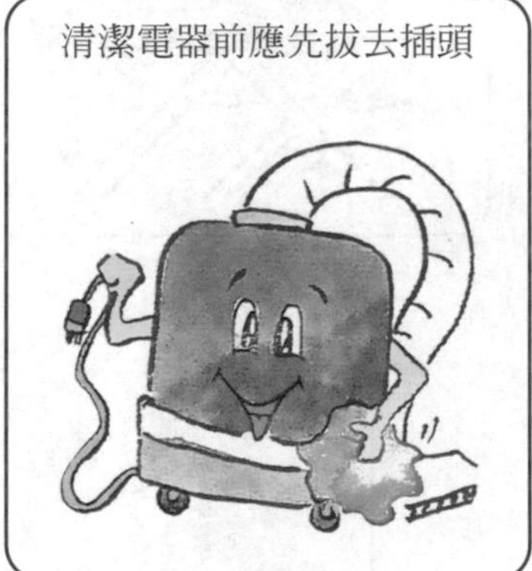

使用及保養電器須遵照廠商說明書

把損壞的電線剪掉或換新

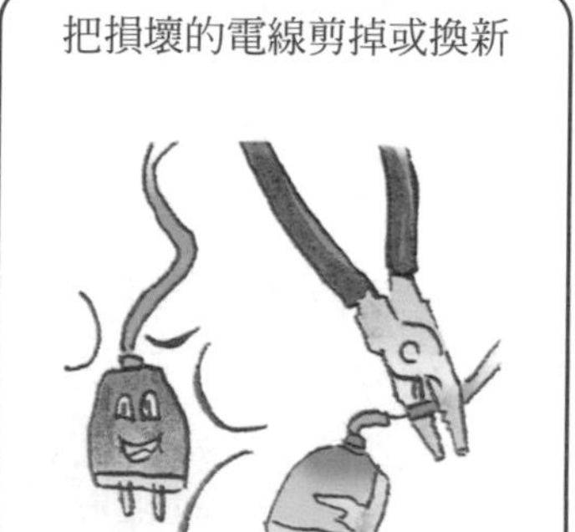

勿將導線繞在蒸汽管應遠離水和熱

易燃物品(如布簾、紙張)勿接近燈或其他會發熱之電器

當站在濕地板時請勿使用電器

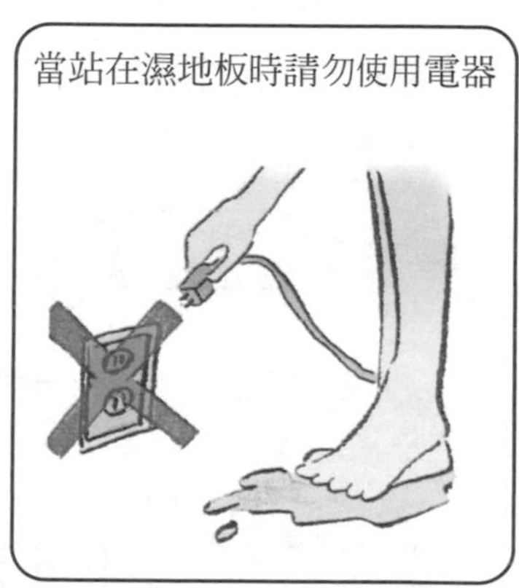

 二十六、電線(導線)的連接方法

1. 家庭內會使用的線(1.6mm)用做照明(2.0mm)用做插座等電源使用而較小電流的電器設備，如神明燈、收音響、電視及電風扇大都使用軟線或花線，軟線拉扯易斷且電流容量也小，原則上儘量使用電纜線(有三層絕緣皮的電線、披覆)單心線，就是塑膠皮剝開又只有一條軟銅線，如

1.6mm、2.0mm等，絞線就是剝開塑膠皮，內部的電線由7股以上細線去絞成，稱平方公厘電線(mm²)。

2. 導線連接最好使用直型壓接端子(指絞線)壓接鉗在第一章第一頁，從1.25平方可壓到8平方公厘的絞線。

導線之連接及處理應符合下列規定：

(1) 導線應儘量避免連接。

(2) 連接導體時，應將導體表面處理乾淨後始可連接，連接處之溫升，應低於導體容許之最高溫度。

(3) 導線互爲連接時，宜採用銅套管壓接或壓力接頭連接。

3. 電線要分配兩回路的壓接方法

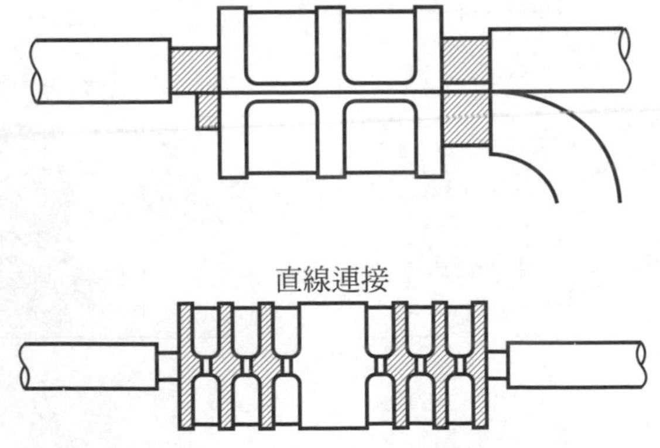

4. 軟線的連接(軟線接軟線)，將要連接軟線兩條，各剝開2公分，將兩條線合併並使用(電工鉗)咬住軟線頭，順時鐘方向絞緊成一密合線條，再往下倒折，包紮絕緣電氣膠布，若連接線露出是2公分，則膠布要成半圈繞紮一次共長4公分，來回至少3～4圈。

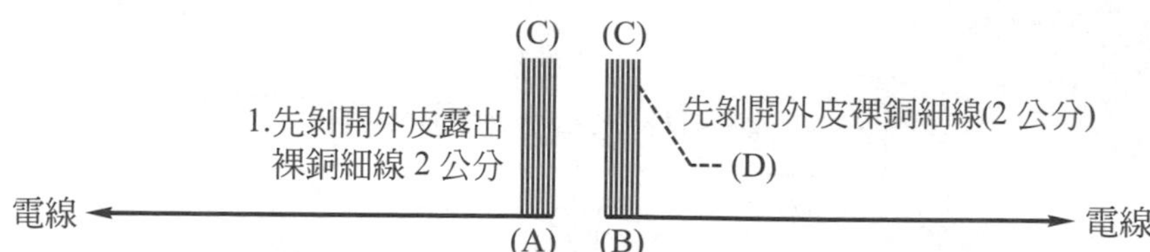
(C)
(C)
1.先剝開外皮露出
裸銅細線 2 公分
先剝開外皮裸銅細線(2 公分)
(D)
電線
電線
(A)
(B)
2.將(A)與(B)點合併一起，用電工鉗把"C"點 2 條細絞線，順時鐘方向
絞緊成一條線狀。並將(C 點)倒折在(D)點，然後包紮電氣膠帶。

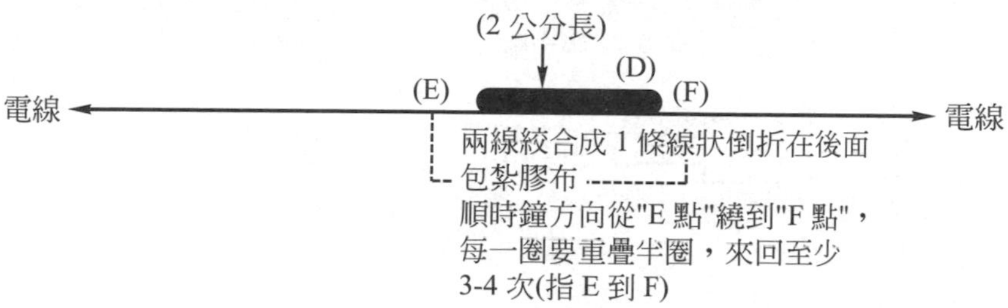
(2 公分長)
(D)
(E)
(F)
電線
電線
兩線絞合成 1 條線狀倒折在後面
包紮膠布
順時鐘方向從"E 點"繞到"F 點"，
每一圈要重疊半圈，來回至少
3-4 次(指 E 到 F)

5. 末端或兩線連接(壓接法)

終端連接

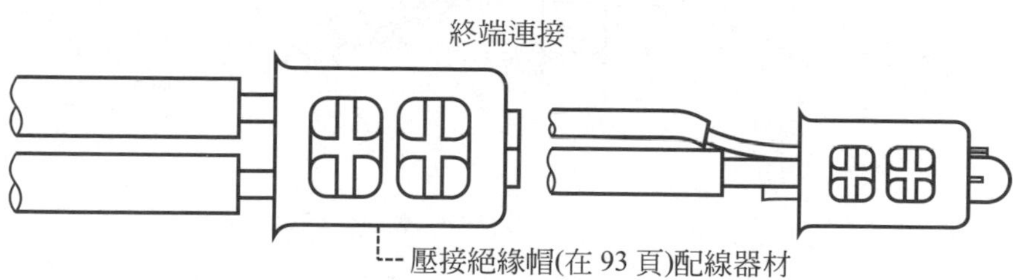
壓接絕緣帽(在 93 頁)配線器材

6.

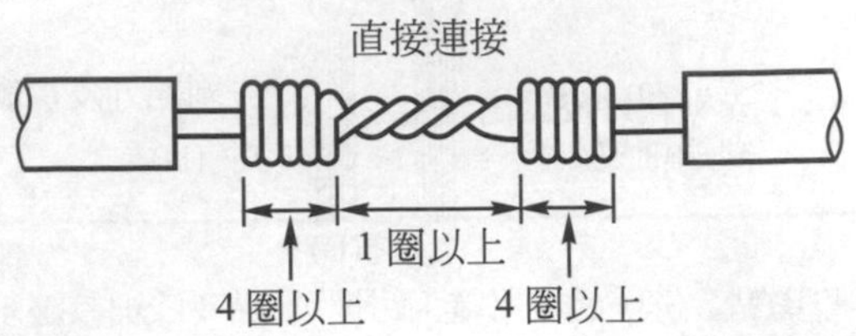
直接連接
1 圈以上
4 圈以上
4 圈以上

7.

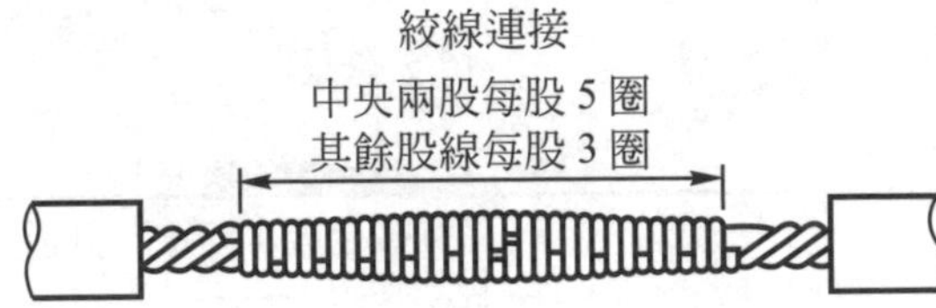
絞線連接
中央兩股每股 5 圈
其餘股線每股 3 圈

8.

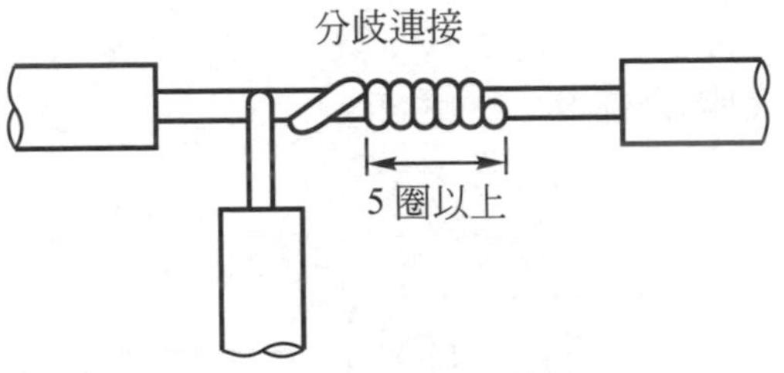
分歧連接
5 圈以上

9.

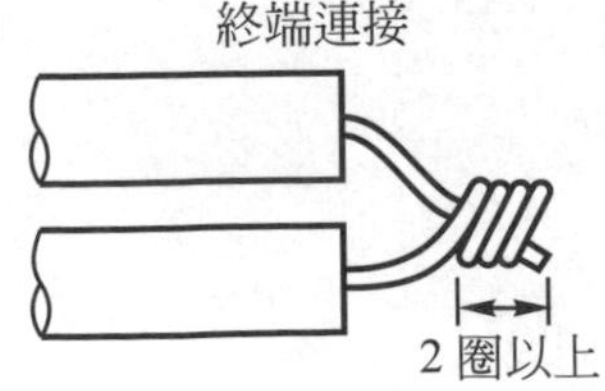
終端連接
2 圈以上

10.

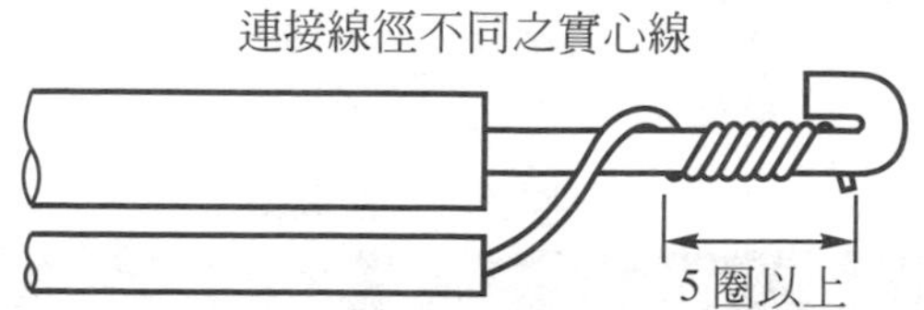

11. 連接兩種不同線徑之導線，應照線徑較大者之連接法處理。花線與他種導線連接時，若係實心線則照實心線之連接法，若係絞線，則照絞線之連接法處理。

PVC 電線應使用 PVC 絕緣帶纏繞連接部份使與原導線的絕緣相同，纏繞時，應就 PVC 絕緣帶寬度二分之一重疊交互纏，並掩護原導線之絕緣外皮 15 公厘以上。

裝置截面積 8 平方公厘以上之絞線於開關時，應將線頭焊接於適當之銅接頭中或用銅接頭壓接之。但開關附有銅接頭時，不在此限。導線在下列情形下不得連接。

(1) 導線管、磁管及木槽皮之內部。

(2) 被紮縛於磁珠及磁夾板之部份或其他類似情形。

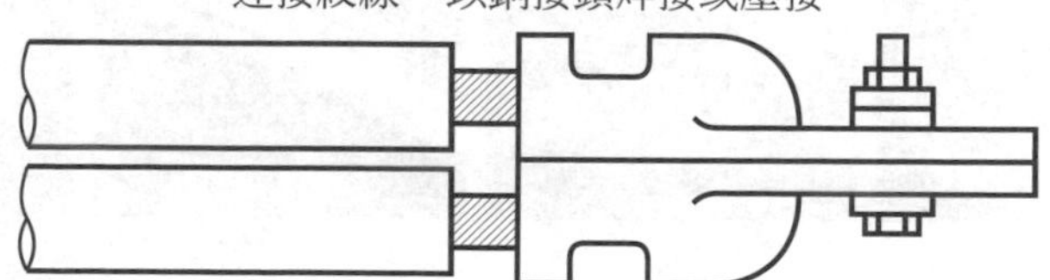

 二十七、配線器材

配線器材

壓接色套絕緣帽

浮球開關
電用的
工作燈

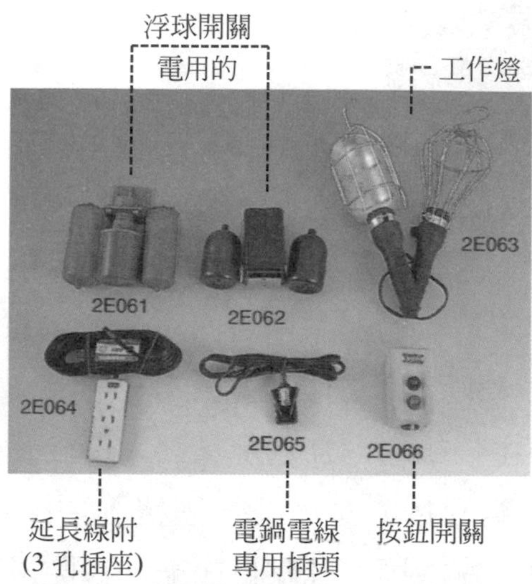

延長線附
(3 孔插座)
電鍋電線
專用插頭
按鈕開關

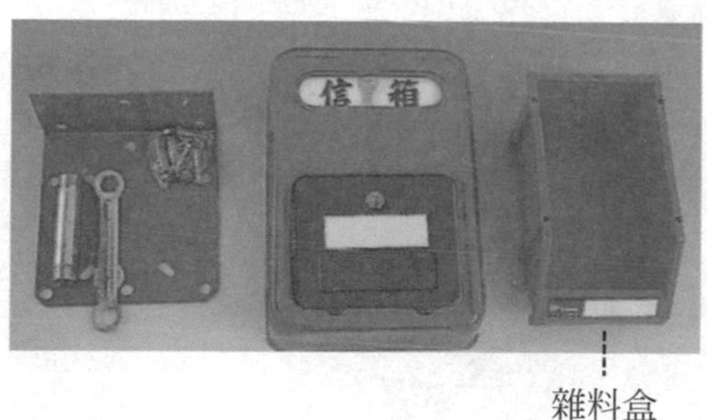

雜料盒

二十八、燈具安裝步驟

1. T5 27W 燈安裝步驟

⑴天花板為木板裝修之作業方式：

兩條電線穿過燈具圓入口，使用 3/4"長鐵板牙螺絲固定燈具中間部份，並調整燈具到正確位置後，再用兩支 3/4"長鐵板牙螺絲鎖定燈具的左右兩邊固定孔。

⑵天花板為水泥裝修之作業方式：

兩條電線由接線盒內穿過燈具圓入口後，使用鐵板牙螺絲固定燈具中間於接線盒內任一固定孔中，燈具調整到正確位置，在燈具左右固定孔點出記號，移開燈具，用手提電鑽，鑽出兩孔，並打入兩個 PVC 孔塞，最後在用兩支 3/4"長鐵板牙螺絲鎖定燈具左右兩邊，以防墜落。

步驟 1　電燈單切開關按開

步驟 2　電燈電壓 AC 0V

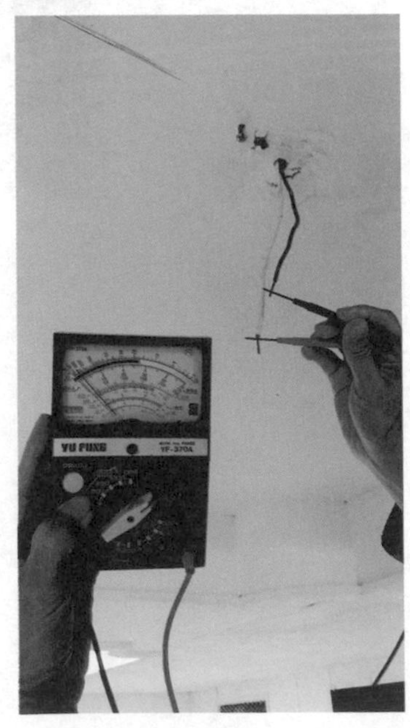

步驟 3　電燈單切開關按下

步驟 4　電燈電壓 AC 110V

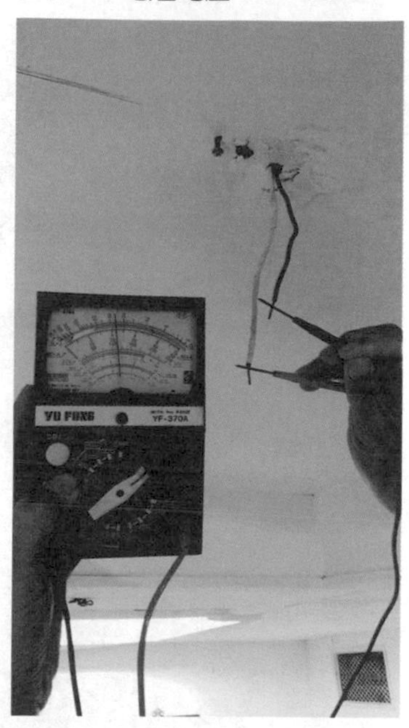

步驟 5　拆下燈具外蓋板之兩支固定螺絲

步驟 6　移開燈具外蓋板

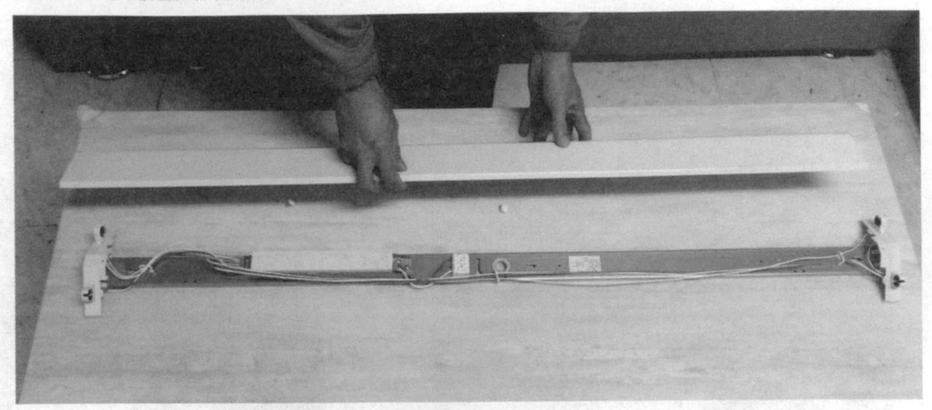

步驟 7　電線穿過燈版孔

步驟 8　鎖上中間燈板孔螺絲

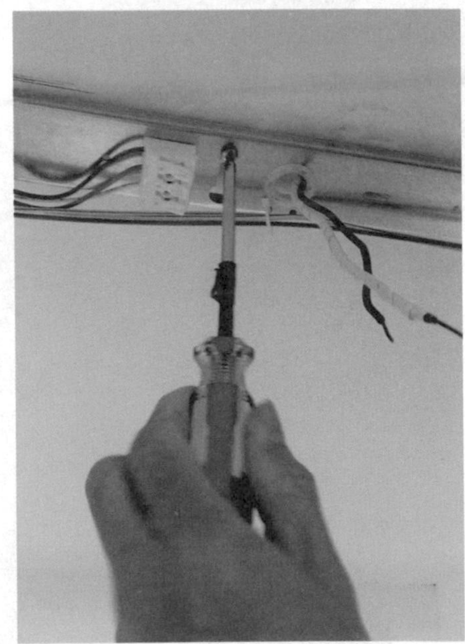

步驟 9　鎖上前後燈板孔螺絲

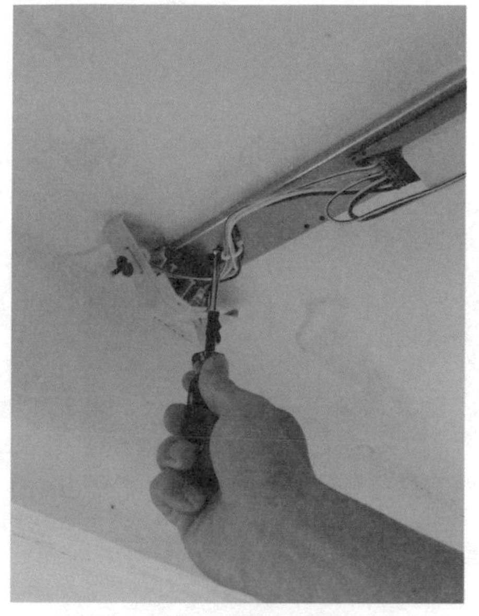

步驟 10　兩條電線白線接入 N 相，另一條接入 L 相

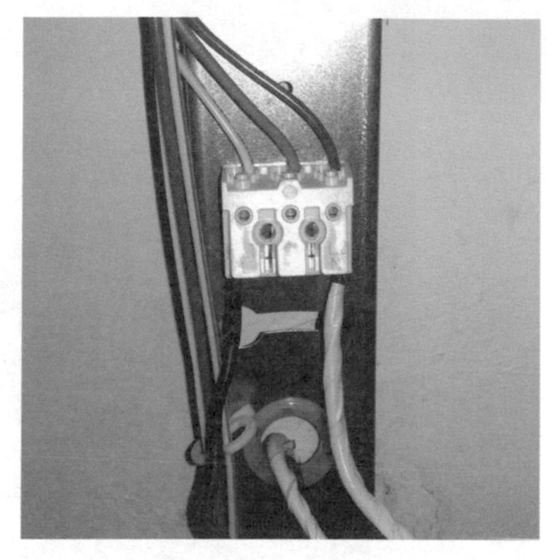

步驟 11　裝上燈具外蓋板

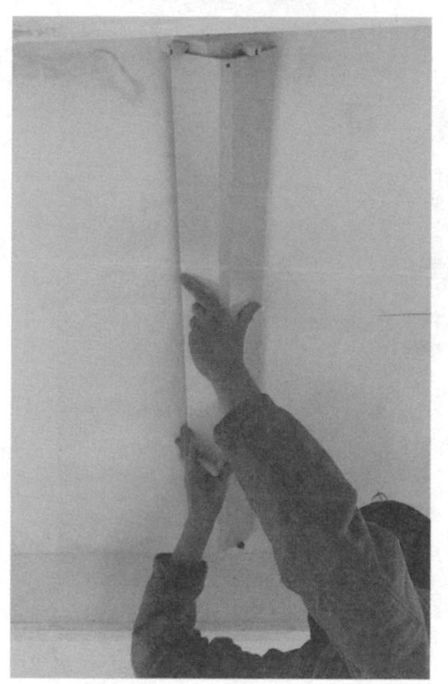

步驟 12　鎖上燈具外蓋板兩支固定螺絲

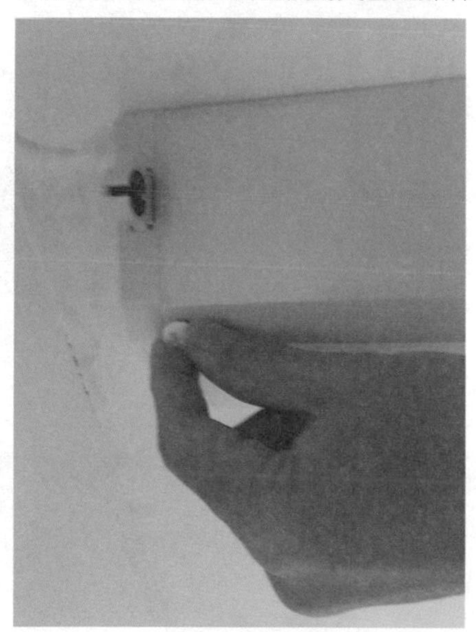

步驟 13　裝上 T27 燈管之一

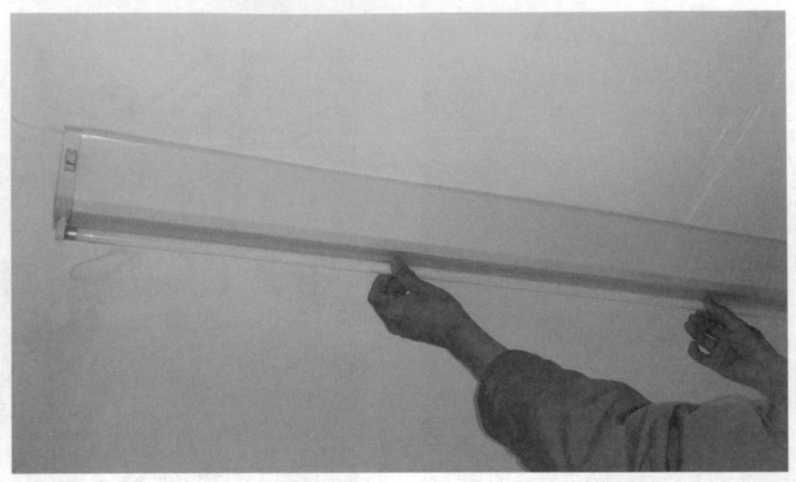

步驟 14　裝上 T27 燈管之二

步驟 15　按開單切開關檢查燈管是否熄滅

步驟 16　燈管確實熄滅

步驟 17　按下單切開關檢查燈管是否點亮

步驟 18　燈管確實點亮

2. 美術燈燈具安裝步驟

步驟 1　電燈單切開關按開

步驟 2　電燈電壓 AC 0V

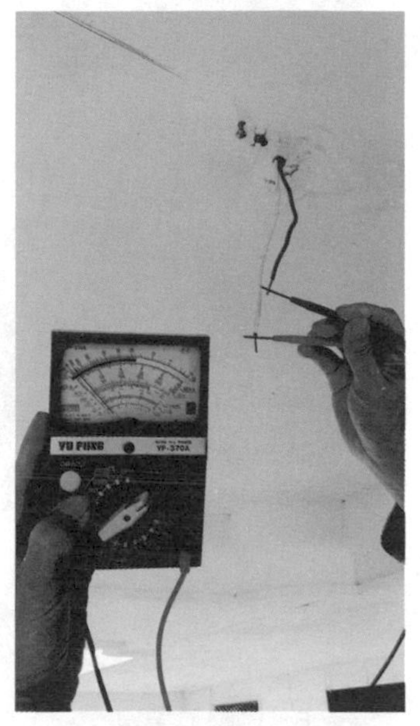

步驟 3　電燈單切開關按下

步驟 4　電燈電壓 AC 110V

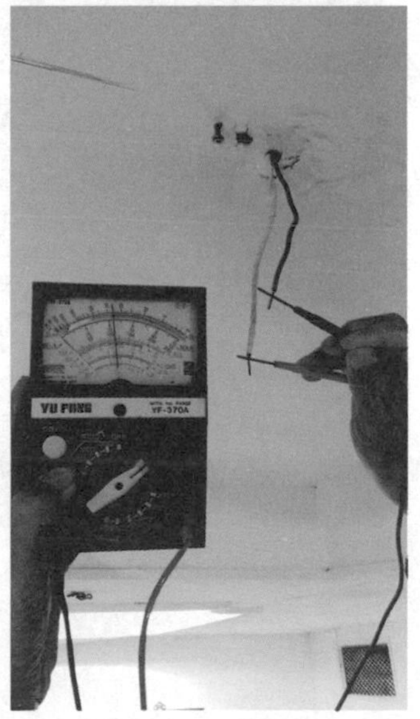

步驟 5　鎖上鐵板牙螺絲，固定燈座

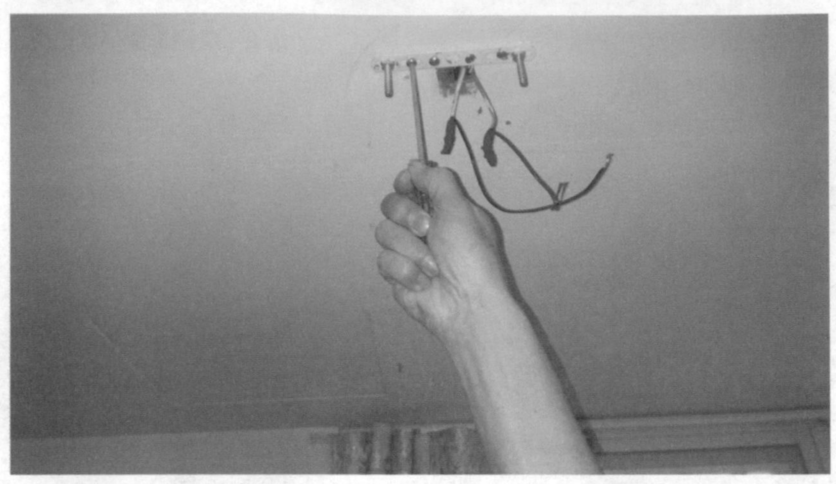

步驟 6　剝線及接線

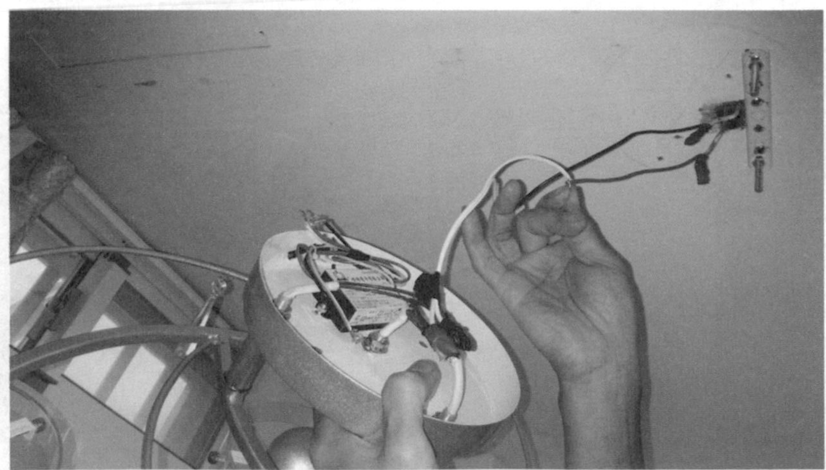

步驟 7　包紮膠帶_絕緣固定

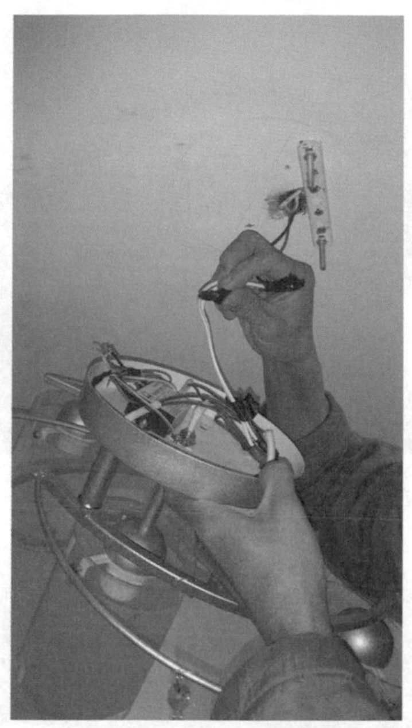

步驟 8　燈具固定

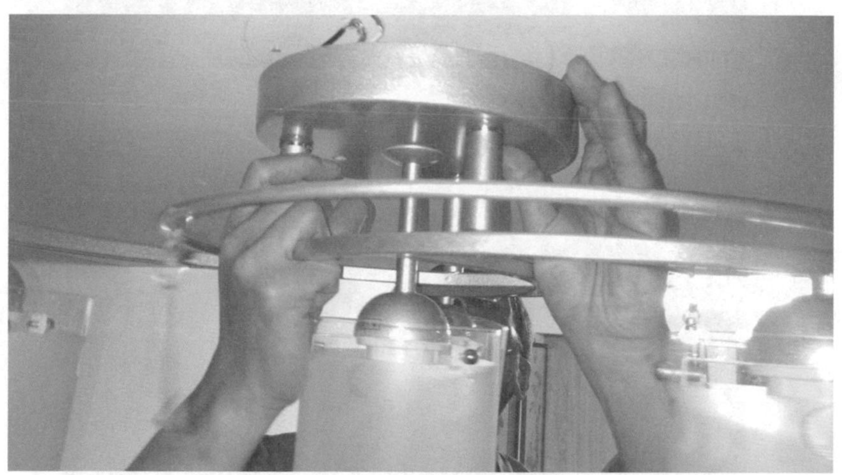

步驟 9　用板手鎖固螺帽

步驟 10　外牙固定

步驟 11　裝設 LED 燈泡

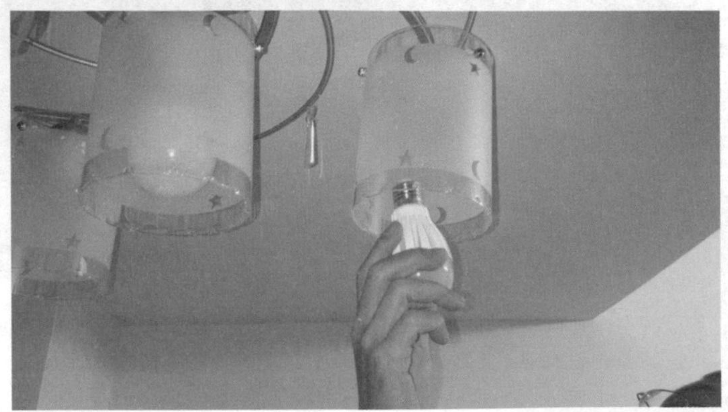

步驟 12　按開單切開關檢查燈泡是否熄滅

步驟 13　燈泡確實熄滅

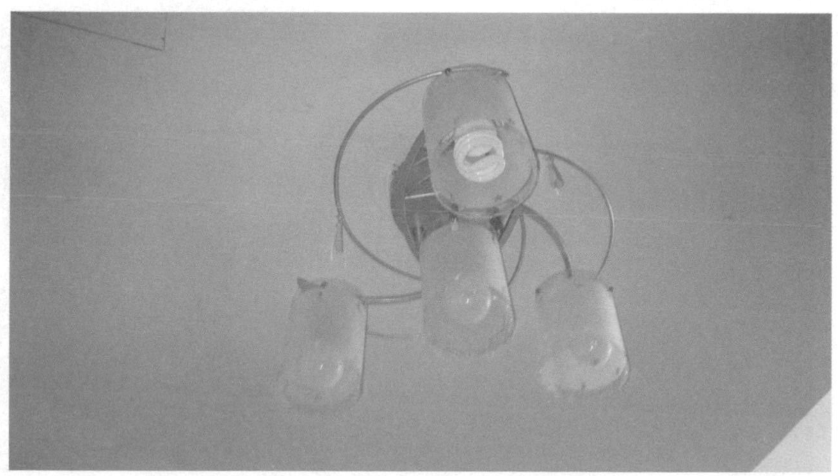

步驟 14　按下單切開關檢查燈泡是否點亮

步驟 15　燈泡確實點亮

 二十九、家庭燈具系列的參考

吊燈系列　附電腦開關

投嵌燈

風扇燈系列

省電燈泡×6
2w×1

省電燈泡×3
2w×1

LED日光燈具

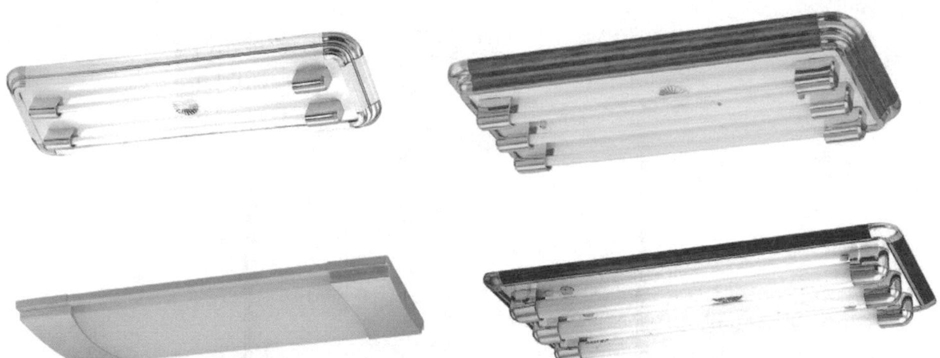

單吸頁燈系列

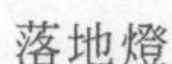

吊燈

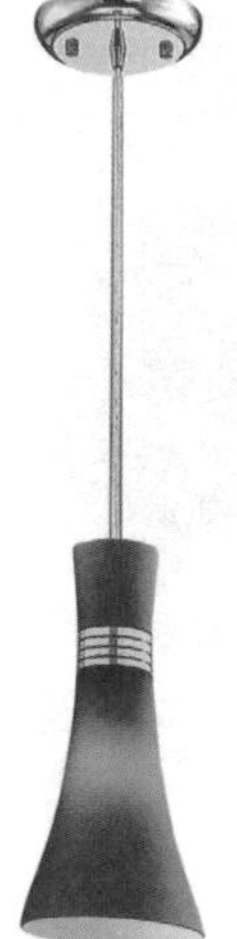

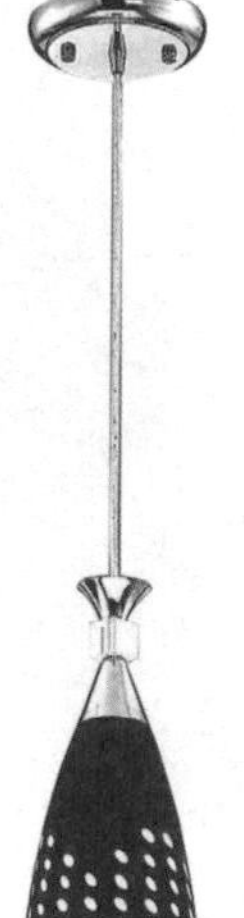

檯燈

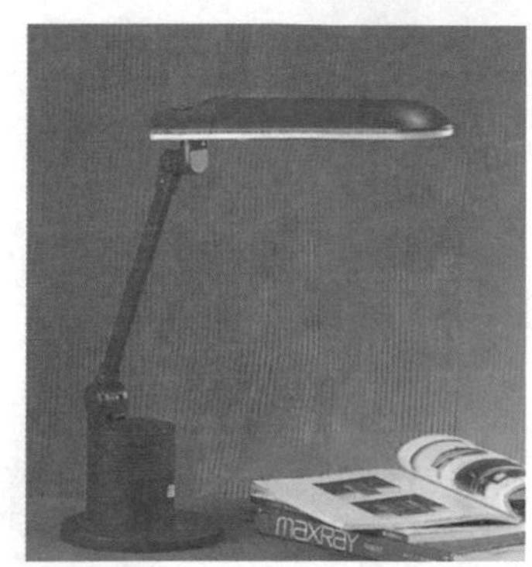

單吸頂燈系列

壁燈

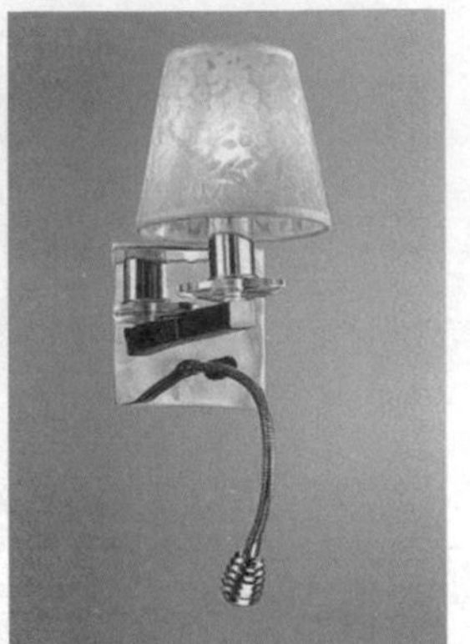

餐吊燈系列

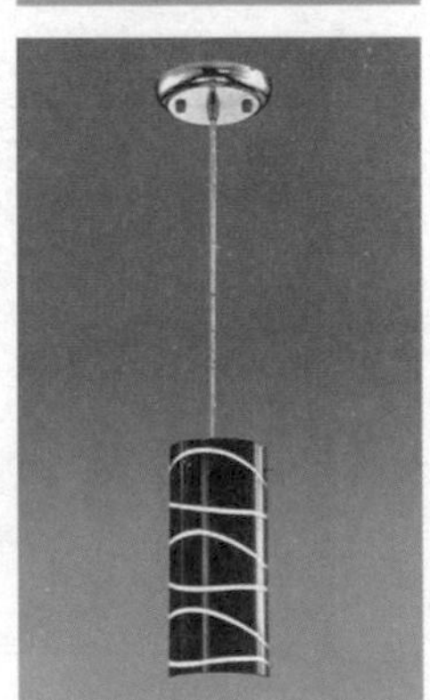

檯燈

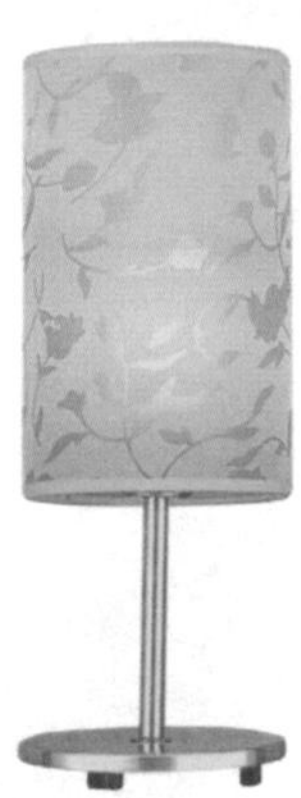

庭園燈

國家圖書館出版品預行編目資料

家庭水電安裝修護 DIY / 簡詔群，呂文生，楊文明編著. -- 七版. -- 新北市：全華圖書股份有限公司，2023.02
面； 公分
ISBN 978-626-328-404-3(平裝)

1. CST: 家庭電器 2. CST: 機器維修

448.4 112001234

家庭水電安裝修護 DIY

作者 / 簡詔群、呂文生、楊文明
發行人 / 陳本源
執行編輯 / 葉書瑋
出版者 / 全華圖書股份有限公司
郵政帳號 / 0100836-1 號
印刷者 / 宏懋打字印刷股份有限公司
圖書編號 / 0378206
七版一刷 / 2023 年 02 月
定價 / 新台幣 420 元
ISBN / 978-626-328-404-3(憨饋)
全華圖書 / www.chwa.com.tw
全華網路書店 Open Tech / www.opentech.com.tw
若您對本書有任何問題，歡迎來信指導 book@chwa.com.tw

臺北總公司(北區營業處)
地址：23671 新北市土城區忠義路 21 號
電話：(02) 2262-5666
傳真：(02) 6637-3695、6637-3696

南區營業處
地址：80769 高雄市三民區應安街 12 號
電話：(07) 381-1377
傳真：(07) 862-5562

中區營業處
地址：40256 臺中市南區樹義一巷 26 號
電話：(04) 2261-8485
傳真：(04) 3600-9806(高中職)
(04) 3601-8600(大專)

讀者回函卡

掃 QRcode 線上填寫 ▶▶▶

姓名：________ 生日：西元____年___月___日 性別：□男 □女

電話：（ ）________ 手機：________

e-mail：（必填）________

註：數字零，請用 Φ 表示，數字 1 與英文 L 請另註明並書寫端正，謝謝。

通訊處：□□□□□________

學歷：□高中．職 □專科 □大學 □碩士 □博士

職業：□工程師 □教師 □學生 □軍．公 □其他

學校／公司：________ 科系／部門：________

．需求書類：

□A. 電子 □B. 電機 □C. 資訊 □D. 機械 □E. 汽車 □F. 工管 □G. 土木 □H. 化工

□I. 設計 □J. 商管 □K. 日文 □L. 美容 □M. 休閒 □N. 餐飲 □O. 其他

．本次購買圖書為：________ 書號：________

．您對本書的評價：

封面設計：□非常滿意 □滿意 □尚可 □需改善，請說明________

內容表達：□非常滿意 □滿意 □尚可 □需改善，請說明________

版面編排：□非常滿意 □滿意 □尚可 □需改善，請說明________

印刷品質：□非常滿意 □滿意 □尚可 □需改善，請說明________

書籍定價：□非常滿意 □滿意 □尚可 □需改善，請說明________

整體評價：請說明________

．您在何處購買本書？

□書局 □網路書店 □書展 □團購 □其他________

．您購買本書的原因？（可複選）

□個人需要 □公司採購 □親友推薦 □老師指定用書 □其他________

．您希望全華以何種方式提供出版訊息及特惠活動？

□電子報 □DM □廣告（媒體名稱________）

．您是否上過全華網路書店？（www.opentech.com.tw）

□是 □否 您的建議________

．您希望全華出版哪方面書籍？________

．您希望全華加強哪些服務？________

感謝您提供寶貴意見，全華將秉持服務的熱忱，出版更多好書，以饗讀者。

填寫日期：　/　/

2020.09 修訂

親愛的讀者：

感謝您對全華圖書的支持與愛護，雖然我們很慎重的處理每一本書，但恐仍有疏漏之處，若您發現本書有任何錯誤，請填寫於勘誤表內寄回，我們將於再版時修正，您的批評與指教是我們進步的原動力，謝謝！

全華圖書　敬上

勘誤表

書號		書名		作者	
頁數	行數	錯誤或不當之詞句		建議修改之詞句	

我有話要說：（其它之批評與建議，如封面、編排、內容、印刷品質等．．．）